기적의
부모
수업

기적의 부모 수업

자녀를 키우는 엄마가 반드시 읽어야 할 첫 번째 교과서

| 이미화 지음 |

위닝북스

자녀를 키우는 엄마들에게 마음으로 꾹꾹 눌러쓴 편지

"원장님! 부모님께 드리는 편지를 꼭 한 번 책으로 내봐요. 제가 헌정 도서로 만들 용의도 있습니다. 많은 사람들에게 읽혔으면 좋겠어요."

언제가 저를 아는 지인이 이런 말을 한 적이 있습니다. 정말 많은 시간이 지났지만 그때 그 말을 잊지 않고 있었습니다. 〈부모님께 드리는 편지〉가 한 권의 책이 되기까지 햇수로 8년의 시간이 흘렀습니다.

처음에는 현장에서 겪은 여러 가지 일들을 부모님들께 전해 공감대를 형성하자는 게 큰 목표였습니다. 그런데 쓰다 보니 부모들과 세상 사는 이야기를 하게 되더군요. 그러면서 더욱 많이 소통하고 더욱 많이 공감하면서 부모님들이 저의 독자가 되기 시작했습니다.

사람이 사는 세상에서 무엇보다 필요한 것은 인간성입니다. 사람이 사람답게 살기 위해 필요한 것이 무엇인가를 생각하면서 살아야 진정한 인간입니다. 지금 우리 사회에서 필요한 것은 바로 '사람답게 사는 것'입니다. 부모가 자녀를 양육할 때 필요한 것 역시도 '먼저 사람이 되

어라'라고 가르치는 것이며, 세상을 살아가는 어른들이 살아가면서 지켜야 할 도리 역시도 '먼저 사람이 되는 것'입니다.

근본과 도리를 지키는 법을 가르치는 것이 참된 부모교육의 목표입니다. 나보다 남을 먼저 생각하는 것이 지금 당장은 손해를 보는 것 같지만, 나중에 나의 인생을 도와줄 좋은 동반자를 만나는 지름길이기도 합니다.

옛말에 "얻으려면 반드시 잃어야 하고 잃어버린 사람은 또다시 얻게 된다."라는 말이 있습니다. 요즘 우리 사회에 지나친 이기주의가 만연된 것은 바로 내 것을 잃으면 손해라는 생각으로 살기 때문입니다. 자식 역시도 내 것에 대한 지나친 집착에서, 자식을 소유의 개념으로 보고서 부모의 입장에서만 자식을 키웠던 것은 아닌지 뒤돌아보았으면 좋겠습니다. 제가 원하고 바라는 것은 단 한 가지, 자식에게 사람답게 사는 법을 알려주고, 근본과 도리가 무엇인지를 가르쳐주는 부모님이 되어달라는 것입니다.

저는 세상의 모든 부모님들 편입니다. 자식 앞에서 한없이 약해질수밖에 없고 자식의 이름을 부르면 가슴이 울컥해지는 어머니의 마음이 곧 제 마음입니다. 그래서 더욱 간절하게 제 바람을 편지글에 담았고 많은 부모님들이 이 책을 읽었으면 하는 소망을 가져봅니다.

2015년 6월 이미화

Chapter 3

멘토 같은 부모가 되어라

Chapter 4 엄마가 행복해야 아이도 행복하다

기
적
의

부
모
수
업

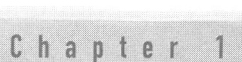

Chapter 1

아이의 눈높이에서
바라보라

아이를 미래의 리더로
키우기 위한 한마디

-

자녀교육의 핵심은 지식을 넓히는 데 있는 것이 아니라 자존감을 높이는 데 있다.
-레오 톨스토이

"그렇게 하면 좋은 건지 다 알지, 하지만 과연 어떻게 실천해야 하는지가 문제가 아닐까? 누가 그렇게 하면 좋은지 모르나? 뜻대로 안 되어서 그렇지."

육아와 관련해 이론적인 무장을 갖추려고 세미나에 참석하는 부모들은 하나같이 다 이렇게 말합니다. 안 되는 것에 대한 이유를 '내 탓이 아니라 네 탓'으로 돌리는 이런 자문자답을 심심치 않게 듣습니다.

누구나 알고 있듯 부모들은 자녀를 대통령으로 만들어낼 수도 있고, 전과자로 만들어낼 수도 있습니다. 부모가 갖고 있는 교육적인 가치관에 아이의 미래도 달려 있기 때문입니다. 이는 새삼스러운 사실이 아닙니다. 부모교육에 관심을 갖고 있는 사람들이라면 누구나 다 알고 있는 기본적인 지식이기도 하지요.

저는 평소에 '리더십과 인성교육'에 대해 관심이 많았습니다. 특히 미래 인재 조건에 부합하기 위해서는 반드시 리더십을 갖추어야 하며, 이를 위해서는 '인성교육'이 필수라는 것은 의심의 여지가 없다고 생각합니다.

'한국을 빛낼 100인의 젊은이들'에 대한 기사를 본 적이 있습니다. 이들은 마치 유대인의 《탈무드》에 나오는 '랍비'의 역할을 하게 될 것처럼 여겨집니다. 유대인에게 랍비는 학력의 고하를 떠나 '한 분야에서 최고의 전문가이자 지식인으로 그 방향에서 올바른 길잡이 역할을 할 사람'으로 정의됩니다. 그만큼 다른 사람의 인생에 영향을 끼치는 사람이 되는 것입니다.

한국을 빛낼 100인에 들어간 인물에는 김연아 선수와 열여섯 살의 피아니스트인 조성진 군, 가수 '비' 등이 있습니다. 이들은 우리 아이들의 시대가 도래했을 때는 아이들 사이에 회자되는 횟수가 줄어들 것은 분명합니다. 하지만 이들의 이야기는 언제나 위대한 도전을 한 사람의 이야기로 끝없이 회자될 것입니다.

지금은 현역에서 모두 은퇴했지만 현장에서 감독으로 선수들을 지휘하고 있는 운동선수들은 베이비붐 시대의 스타들이었습니다. 그런 그들의 이야기를 X세대는 잘 모르지만, 그들은 스타였고 영웅이었습니다.

허정무 국가대표 감독, 차범근 수원 삼성 감독, 선동열 야구 감독 등 스포츠계의 내로라했던 감독들은 모두 한 시대를 풍미했던 지금의 박지성 선수와 같은 유명세를 치렀습니다. 그러나 지금 세대들은 그들의 화려한 전적은 잘 모른 채 팀의 리더였다는 것만 알고 있습니다.

이렇듯 베이비붐 시대의 스타 선수들을 지금의 세대는 잘 모르지만 시대는 늘 스타를 배출하고, 영웅을 탄생시킵니다. 이러한 사람들이 그냥 사라지지 않고, 요즘에는 한국을 빛낼 100인에 뽑혀, 죽을 때까지 사회에 영향력을 끼치는 인사로 살아갈 것입니다.

이처럼 이제 우리 아이들의 세대에서 새롭게 탄생할 '2020 한국을 빛낼 100인의 조건'에 들어갈 사람은 누구일까 관심을 갖고 지켜볼 필요가 있습니다.

스펀지 같은 흡수력을 지니고 있는 아이들의 눈은 반짝반짝 빛납니다. '경청'이 무엇인지 배우면서 스스로 실천하는 유아기의 아이들을 보면, 우리 아이들은 누구나 미래의 인재가 될 수 있다고 생각합니다. 그렇다면 이런 조건을 충분히 갖춘 아이들에게 부모가 100인의 조건에 들어갈 수 있는 날개를 달아주어야 합니다. 그러기 위해서는 어떻게 해야 할까요?

식상하다고 생각할 수도 있지만, 식상함 가운데서 신선한 충격으로 받아들일 수 있는 아량과 여유로운 마음이 부모에게 생겼을 때, 우리의 아이들은 미래의 인재가 될 수 있습니다.

또 하나 간과해서는 안 될 사실은 평범함 속에 비범함이 숨겨져 있다는 것입니다. 사람을 사람답게 키우고 한 사회의 구성원으로 잘 키워서 내보내는 것 역시 부모가 해야 할 일입니다. 따라서 '한국을 빛낼 100인'이 되어 있지 않을지라도, 자식을 세상에 필요한 사람으로 성장시킬 때 후회 없는 삶을 살았노라 말하는 부모가 될 것이고, 그러한 부모가 가장 행복할 것입니다.

누구든지 행복해지고 싶어 합니다. 지금 돌이켜보면 학창시절 행복의 조건은 '시험만 없다면……'이었습니다. 저 역시도 시험 보는 것이 싫어서 빨리 어른이 되고 싶었습니다. 어른이 되면 지긋지긋한 시험을 보지 않아도 되고 직장에 다니면서 마음대로 돈을 벌어 내가 하고 싶은 것을 다 할 수 있을 거라고 생각했습니다. 그렇게만 된다면 무조건 행복하리라 생각했습니다. 하지만 나이가 지천명을 넘기고 보니 이 시기에 얻은 '행복'에 대한 깨달음은 그때와는 판이하게 다릅니다.

첫째, 원하는 것을 얻는 과정에서 행복을 경험한 젊은 시절에는 '~만 된다면 정말 행복할 거야'라고 생각했습니다. 하지만 지금은 행복은 조건이 아니라 행복을 그리는 사람의 마음에 따라 행복지수가 달라진다는 것을 깨닫게 되었습니다.

둘째, 매일 가슴 뛰는 꿈을 가지고 살아가고 있기에 행복합니다. 성공한 사람, 인생을 행복하게 사는 사람들은 모두 처음부터 자신만의 큰 그림을 그리며 살아온 사람들입니다. 언젠가 내가 무엇이 될 거라는 꿈과 반드시 그것을 이루어내고야 말 것이라는 믿음으로 빅 픽처를 그려나갔습니다.

꿈 너머 꿈이 있습니다. 저는 요즘도 매일같이 행복을 그리고 있습니다. 행복에 대한 관점을 미래로 바꾸면서부터입니다. 여자 나이 50대 중반을 넘기면 꿈이 아닌 현실을 직시하고, 인생 후반전을 어떻게 살 것인지 차분히 계획하고 심각하게 고민하는 시기라고 했습니다. 하지만 매일같이 행복을 그리기에 세월이 흐를수록 두뇌가 늙는다는 말보다는 인지 능력은 50~60대가 가장 왕성하다는 말을 믿습니다.

인생 후반전의 삶에 과감히 도전장을 던졌습니다. 꿈 너머 꿈을 향해서 말입니다. 자기계발의 전문가인 브라이언 트레이시는 이런 말을 했습니다.

"성공하는 사람은 실패를 두려워하지 않고 새 아이디어를 실행

하지만, 실패하는 사람은 아이디어의 문제점만 지적하며 실천하지
않을 구실만 찾는다."

　실행하는 사람은 성공하고, 문제점만 지적하는 사람은 실패만
하는 것을 누누이 지켜보았습니다. 72시간 내에 행동으로 실행하지
않으면 그 생각은 실현될 가능성이 없다고 합니다. 곰곰이 생각했습
니다. '나는 어떤 사람인가?' 저는 뭔가를 하고자 할 때 그 당시에
느꼈던 그 감동 그대로의 마음을 바로 적용합니다. 그러면 뭔가 흐
뭇한 상황이 전개되지만, 다음에 꼭 해야지, 라고 마음만 먹으면 그
결심과 생각은 그냥 흐지부지되어 휴지 조각처럼 버려지곤 합니다.

　"72시간 안에 실행하라!"

　저는 학부모 간담회 때 '내 아이의 미래'를 염두에 두고 교육을
시키는 부모님들이 되라고 강조합니다. 현재보다 미래가 중요합니다.
현재는 지금은 예측할 수 없는 우리 아이들의 미래를 준비하기 위
한 과정입니다. 꿈을 좇아가는 과정에 있는 이 아이들의 현재가 부
족하다고 해서 미래가 불확실한 것은 아닙니다.
　현명한 부모는 아이의 20년 후를 바라보고 교육시킵니다. 소심하
고 겁이 많았던 철학자 니체는 강해지기 위해 '위험하게 살자'라는
글을 써서 벽에 붙여 놓았습니다. 과학자 아인슈타인은 "한 번도 실

수를 저지르지 않은 사람은 한 번도 새로운 것을 시도하지 않은 사람"이라고 했습니다. 아리스토텔레스는 "일을 하기 전에 어떻게 하는지 배워야 한다. 어떻게 하는지 배우려면 직접 해봐야 한다."라고 말했습니다.

이들의 공통점은 자신을 지속적으로 '위험한 곳'에 노출시켜 새로운 일을 경험했다는 것입니다.

미래를 위한 준비는 많은 변화를 예고합니다. 미래의 인재는 변화의 속도를 따라가는 교육을 얼마만큼 받느냐에 따라 명암이 갈립니다. 생각했다면 실행하기 바랍니다. 아이를 위해 무엇을 어떻게 하겠다고 마음먹었다면 72시간 안에 작은 시작이라도 해야 합니다.

김연아 선수는 "지치고 힘들 땐 어떻게 이겨내느냐?"는 물음에 "힘든 순간도 웃으며 돌아보는 추억이 될 테니 '이 또한 지나가겠지' 생각한다."라고 말했습니다. 그녀는 자신에게 다가올 미래를 두려워하지 않았습니다.

올림픽에서 첫 금메달을 땄을 때 이미 목표를 다 이루었기에 김연아의 다음 행보에 관심들이 많았습니다. 그 후 김연아는 많은 일을 했습니다. 이제 올림픽 출전은 끝났나 보다 생각했습니다. 하지만 그녀는 소치 올림픽에 출전하는 또 한 번의 '도전'을 선택했습니다. 그녀는 미래를 준비하며 꿈을 키워나갔습니다. 현재는 고통스러웠지만 미래가 있었기에 그 고통을 참았습니다.

아이에게 미래를 준비시킨다는 것은 '어떤 시련이 와도 그 고통을 이겨낼 줄 아는 아이로 키워야 한다'는 뜻입니다.

헬리콥터 부모에게서 자라는 아이들의 미래는 불확실합니다. 이미 예고된 결과입니다. 부모들은 많은 오류를 범합니다. 예고된 정답을 무시한 채 그냥 이대로 나아가게 되면, 아이들의 인생을 망칠 수밖에 없습니다. 가장 염려스러운 경우가 바로 '헬리콥터 부모'들입니다. 아이의 주변을 떠날 줄 모르는 부모들. 부모는 아이에게 관심을 준다고 생각하지만, 아이가 부모로부터 지나치게 간섭을 받는다고 생각한다면 그것은 더 이상 관심이 아닙니다.

김연아 선수는 이제 20대 중반밖에 되지 않았습니다. 하지만 많은 사람들이 이루지 못할 꿈에 도전해 그 꿈을 이루었으며, 꿈 너머 꿈에 도전하는 그녀의 모습은 '꿈'이란 단어가 무슨 의미를 갖는지 미래를 준비하는 아이들에게 선명하게 부각시켜줍니다. 만약 그녀가 포기하고 싶다고 할 때 부모가 안쓰러워하면서 이제 그만하자고 했다면 김연아의 오늘과 미래는 없었을 것입니다.

아이에게 미래를 준비시키는 부모가 되고 싶다면, 어렵고 힘들어도 할 것은 해야 한다는 책임감과 인내심을 가르쳐주시기 바랍니다. 그리고 아이가 뭔가에 도전해야 할 때 포기시키는 부모가 되지 마세요. 아이는 부모가 하는 말 한마디의 힘으로 모든 것을 해낼 수 있습니다.

미래를 준비하는 아이들에게 가장 중요한 것은 체험과 도전이라고 했습니다. 그 어떤 것이 되었든 아이가 많은 경험을 할 수 있도록 응원해주는 부모가 된다면, 아이의 현재는 단련되고 미래로 향하는 열차를 자신 있게 탈 수 있게 될 것입니다.

'귀한 자식일수록 부모의 품을 떠나 여행을 해보게 하라'라는 말이 있습니다. 혼자 스스로 무엇이든지 해보게 하라는 뜻이 담겨 있는 말입니다. 왜 제가 우리 아이들의 미래를 이토록 걱정하는 걸까요? 막연한 의무감과 책임감도 있지만, 그것보다는 부모들이 우리 아이들의 미래에 대해 너무 안일한 사고를 갖고 있다고 생각하기 때문입니다.

부모님들이 아이를 관대한 마음으로 키울수록 아이들의 미래는 더욱 불확실합니다. 하고 싶은 일을 하도록 만들기 위해서 해야 할 일이 무엇인지를 아이에게 정확하게 가르쳐주시는 부모님들이 되시기를 진심으로 바랍니다. 그런 부모 아래에서 미래 인재도 탄생할 것입니다.

꿈이 있는 부모가
아이의 꿈도 크게 키운다

학교는 학생이 세상으로부터 도망가는 자가 아니라,
세상에 나가서 참여하는 사람이 되도록 가르쳐야 한다.
-존 시알디

소리 내어 말할 때 꿈은 이루어진다고 합니다. 언제나 "잘될 거야."
라며 긍정적으로 생각하는 사람에게 위기가 닥쳤을 때는, '저 사람
은 분명히 재기에 성공할 거야'라는 기대를 막연하게나마 하게 됩니
다. 실제로 한참 후에 그 사람을 만났을 때 "그때는 죽을 것 같았는
데, 잘 극복했고 지금은 잘 살고 있어요."라는 말을 듣게 됩니다. 반
대로 입버릇처럼 "내가 못 살아."라고 말하는 사람은 정말 하는 일
들이 하나도 되는 게 없어 보입니다.

《기적의 입버릇》이라는 책에 실려 있는 이 글은 우리의 삶 속에
서 '말'이 차지하는 비중이 얼마나 큰지를 보여줍니다. '내가 하는

말에 따라서 인생이, 삶이 달라질 수 있다'는 말을 믿어야 합니다.

그렇다면 '꿈'을 이루고 싶다면 무엇부터 시작해야 할까요? 이에 대해서 한 번쯤 고민해볼 필요가 있습니다. 대부분의 사람들이 '꿈을 이루고 싶다'는 소망을 가지면서도 그 꿈을 이루기 위해 무엇부터 해야 할지 구체적으로 생각하지 않습니다.

그러면서 꿈은 막연한 공상일 뿐이라는 생각을 갖게 되지만, 그래도 언젠가는 꼭 이룰 것이라는 꿈을 꾸면서 살아갑니다. '꿈을 이루고 싶다'는 사람들이 아무것도 준비하지 않고 막연히 꿈을 이루겠다는 생각만 하는 것은, 로또 복권을 사지도 않고 행운의 주인공이 되길 바라는 것과 같습니다. 공부하지 않고 일등을 하게 해달라는 어린아이의 기도와 같습니다. 노력 없이 구하기만 하는 사람들이 꿈을 이룬다는 것은 어불성설입니다.

지금은 모든 것을 '남의 탓'으로 돌리는 사람들이 너무도 많습니다. 결국 어떤 일을 하든 불평이 난무할 수밖에 없고, 그런 마음으로 일을 함으로써 자신의 존재감은 더욱 낮아집니다. 행복한 마음으로 일하지 않기에 가장은 가장대로 '내가 돈 버는 기계인가?'라고 생각하게 됩니다. 젊은 직장인들은 다람쥐 쳇바퀴 도는 것처럼 목표 없이 습관적으로 일함으로써 '꿈'을 이룬다는 것은 꿈도 못 꾸고 살아갑니다.

이제 이러한 마음에 반기를 들어야 합니다. 자신은 과연 어떠한 마음가짐으로 살아왔으며 지금은 어떠한 마음인가를 생각해보세요. 저는 과거와 현재를 돌아보건대, 꿈을 이루기 위해 의도적으로 노력한 바는 없으나, 작은 씨앗 하나에서 모든 것이 시작된다는 진리를 믿었습니다. 그리고 내 마음 밭에 좋은 목표를 심는 것을 출발점으로 삼았습니다. 초심을 잃지 않고 비가 오나 눈이 오나 이 씨앗이 자랄 수 있도록 물을 주었고, 일에 대한 대가를 금전이 아닌 씨앗이 자라나는 '성취감'을 통해 얻었더니, 자연스럽게 하고 싶은 일, 원하는 일을 하고 있었습니다.

　결국 꿈을 이루기 위해서는 작은 씨앗이 필요합니다. 자신이 가장 좋아하는 것을 할 때의 성취감이 바로 작은 씨앗입니다. 많은 사람들이 꿈이 있다고 말하면서도 꿈을 좇기보다는 금전적인 이익을 추구하는 삶을 택하면서 사는 이유는, 바로 자신의 꿈을 쉽게 포기하기 때문이며 성취감이라는 희열을 맛보지 못했기 때문입니다.

　꿈을 이루기 위해서는 노력한 만큼의 대가를 성취감을 통해서 얻는 마음의 선택이 우선 필요합니다. 걷기도 전에 뛰기부터 하려는 사람은 꿈을 이룰 수 없습니다. 꿈은 작은 씨앗에서 시작된다는 말을 마음에 잘 새겨야 합니다. 내가 조금 아는 것이 많다고 해서, 조금 가진 것이 많다고 해서, 앞서 나간 다른 사람을 당연히 이길 수는 없습니다.

　도저히 앞서 나갈 수 없을 것 같은 사람이 꿈을 이루기 위한 코스를 제대로 밟아 가고 있다면, 그 사람의 발자취를 따라갈 필요가 있습니다. 그것이 바로 꿈을 가장 빠르게 이룰 수 있는 지름길입니다. 앞서 나간 사람의 발자취는 무시한 채 자신의 생각대로 하는 경우, 꿈을 이룰 수 있는 확률은 그리 높지 않습니다.

박지성 선수도 히딩크라는 감독이 있었기에 대한민국을 대표하는 세계적인 선수가 되었습니다. 만약 히딩크 감독이 박지성 선수라는 씨앗에 물을 주지 않았다면, 박지성 선수는 지금쯤 어떻게 되었을지 알 수 없습니다.

85%의 직장인들이 직장에 불만을 품고 있다면, 사회인으로 나서 돈벌이를 하고 있는 사람들의 대부분이 꿈을 이룰 확률이 작다는 뜻이며, 결국 나머지 15%만이 꿈을 이룰 수 있다는 뜻이 되기도 합니다.

마음의 긍정에너지를 키우고 있는 15%의 사람들만이 꿈을 이루면서 살아가고 있다면, 한편으로 85% 안에 드는 사람들은 약이 오를 수도 있겠습니다. 어떻게 그렇게 단정적으로 말할 수 있는가, 하고 말입니다. 하지만 꿈이 있어야 성공합니다. 꿈이 성공의 씨앗이니까요.

아이나 어른이나 긍정적인 행동을 하는 사람을 보면 기분이 좋습니다. 특히 긍정적인 에너지가 넘치는 아이를 만나면 가슴이 벅차오르고 희열을 느낍니다. 그리고 '그 아이를 위해서 내가 해주어야 할 일이 무엇일까?' 생각하게 됩니다.

'긍정의 에너지'가 있다면, 85%의 범주에 들어가게 되지 않습니다. 15%의 사람들은 어떠한 경우가 닥치더라도 '긍정의 에너지'로 자신을 무장할 수 있기에, 결국 불평불만이 들어설 자리가 없게 됩니다.

인성 리더가 되어 꿈을 이루고자 하는 아이들에게 꼭 필요한 성품은 배려입니다. 희생과 양보가 따라야지만 이룰 수 있는 배려의 기본자세는 무엇이며, 왜 필요한 것일까요?

어느 날 퇴근 후 집에서 파 탕수육을 시켜 가족과 함께 식사를 하던 중, 뭔가 허전함을 느꼈습니다. 파 탕수육을 시켰는데, 주 메뉴여야 할 파가 없었습니다. 일반 탕수육과 달리 '파 탕수육'에는 '파 무침'이 별도로 있었는데, 그것이 빠졌던 것입니다.

남편과 나는 두 가지 안을 놓고 실랑이를 벌였습니다. 남편은 종업원이 실수로 챙기지 못했으니 괜히 전화하면 종업원이 야단맞을 수 있으므로 전화하지 말자고 했고, 저는 "그냥 먹기는 먹되, 다음에는 꼭 챙겨서 보내 달라고 말 한마디는 하자."고 제안했습니다. 왜 안 가지고 왔느냐고 따지려는 것이 아니니까, 종업원한테 피해가 가지 않게 잘 말하겠다고 남편에게 양해를 구하고 전화를 했습니다. 전화를 걸고 사연을 얘기했습니다. 주재료인 '파'가 배달되지 않았다고 말입니다. 주인은 즉각 지금이라도 보내겠다고 답변했습니다.

그래서 전화를 한 의도를 다시 설명했습니다. 파를 보내 달라는 뜻이 아니라, 그곳이 어디인지도 모르는 상황에서 '파' 때문에 왔다 갔다 하는 것은 안 될 말이니, 오늘은 그냥 먹겠지만 다음에 우리가 배달을 시키면 빼먹지 말고 꼭 파 무침을 보내 달라는 부탁을 하기 위해서 전화했노라고 말입니다. 그랬더니 그 말이 끝나기가 무섭게 주인은 "다음에 배달할 때 서비스를 하나 더 보내 드리겠습니다."라고 답변했습니다.

전화를 하는 사람, 받는 사람 모두 기분이 좋았습니다. 상대방의 입장을 배려하고자 하는 마음이 있었기에, 어쩌면 이 주인도 그 마음을 알아챘는가 봅니다.

배려는 상대방의 입장을 헤아리는 것이며 희생과 양보가 따르는 것입니다. 아마도 그 사장은 다음에는 빼먹지 말고 갖다 달라고 하는 그 말이 배려의 마음이라고 생각했었나 봅니다. 그래서 부탁하지도 않은 서비스 요리를 가져다준다고 했을 겁니다. 순수한 마음으로 했던 배려의 마음 덕분에, 서비스 음식을 추가로 받게 되었습니다.

이는 사소한 에피소드에 불과합니다. 하지만 이런 사소한 배려가 모여 행복한 세상을 만드는 것입니다. 지금 우리가 사는 세상에는 배려보다는 자신의 유익을 추구하고자 하는 마음이 더욱 난무하고 있습니다. 가까운 친척과 동료와 이웃과 친구도 배려하지 않는 마당에, 서비스를 받아야 하는 고객의 입장에서 음식점 주인을 배려하고 그 집의 종업원을 배려하는 행동을 하는 것은 극히 드문 일인지도 모르겠습니다. 그러나 지금 우리 사회에서 필요한 것은 바로 실천할 수 있는 작은 배려입니다.

너무나 나의 요구만 들어달라고 하는 세상이기에 선의의 행동조차 선의로 받지 않는 경우가 많습니다. 마음이 따뜻한 사람을 만나는 것이 하늘의 별 따기처럼 어려운 세상에서 긍정의 에너지를 갖고 사는 사람이 내 집안사람이라면, 내 이웃이라면, 또는 나의 동료라면 나는 행복한 사람입니다. 이러한 사람이 있음으로 인해 그 사람의 주변 사람은 반드시 꿈을 이룰 수 있게 됩니다.

꿈을 이루기 위해서는 매개체가 필요합니다. 그 꿈의 매개체가 바로 '긍정의 에너지'이며, 이것을 혼자 만들 수 없을 때는 이것을 가진 사람의 흉내라도 내려는 마음을 가질 때, 반드시 꿈을 이룰 수 있게 됩니다. 꿈을 이루기 위해서 필요한 마음! 그것은 바로 긍정의 에너지를 끊임없이 키우는 것이며, 자신의 꿈을 향해 상대방을 위해 희생과 양보를 서슴없이 하는 배려의 마음을 갖는 것입니다.

아이들에게도 시작은 소박하지만 목표는 세계 최고가 되겠다는 꿈을 꾸게 해야 합니다. 그리고 그 꿈을 이루기 위한 작은 씨앗을 마음에 심어주세요. 그 씨앗을 잘 키우기 위한 작은 노력을 오늘부터 실천할 수 있도록 부모가 도와야 합니다.

아이에게 사랑을
구체적으로 전하라

식물은 재배함으로써 자라고 인간은 교육함으로써 사람이 된다.
-루소

말과 행동이 일치하는 부모가 되기는 정말 어렵고 힘들겠지만 아이를 정말 잘 키우고 싶다면 아이를 좀 더 관망하면서 기다려주어야 합니다. 완벽함을 추구하기보다는 좀 허술해도 아이다운 모습을 칭찬해주는 아량을 갖는 부모가 되어주기를 원합니다.

'~ 때문에'라는 핑계가 결국 아이들을 까다로운 성격의 아이로 자라게 합니다. 까다롭게 자라는 아이들은 친구들을 사귈 때도 부모의 눈치를 보아야 하고 뭐든지 완벽하지 않으면 안 하려고 하기에 경험의 기회를 스스로 놓치게 될 때가 많습니다.

아이들 입장에서 가장 좋은 부모는 아이를 특별하게 대하는 부모가 아니라 보편적인 기준으로 대해주는 부모입니다. 남들이 다 하는 것을 내 아이만 못한다고 생각해서도 안 되며, 남들이 다 가는 곳을 내 아이만 위험하다고 안 보내겠다고 생각하는 그 자체가 아이들을 생각하는 마음이 아닌 것입니다. 내 아이를 특별히 생각하는 마음이 아이를 위하는 마음일 것 같지만 사회는 그런 아이들을 엄마와 같은 마음으로 바라보아주지 않는다는 사실을 기억해야 합니다. 그런 마음을 많이 가지면 가질수록 아이는 적극성과 사회성이 결여될 수 있습니다.

아이를 걱정하지 않는 부모는 아무도 없습니다. 누구나 다 소중한 아이들입니다. 그런데 부모의 지나친 염려로 아이들이 또래집단과 어울리는 데서 자꾸 빠진다거나, 아니면 지나치게 부모의 주관적인 관점으로 아이를 키우려고 할 때 부모가 염려하는 상황들이 오히려 그 아이들에게 벌어지게 됩니다.

사회에서 인정받는 사람들은 성격이 좋습니다. 누구와도 잘 어울립니다. 남을 배려하고 까다롭지 않으며 긍정적인 사고를 갖고 있습니다. 아이들의 세계도 똑같습니다. 유아기에도 리더십을 발휘하는 아이들은 위의 조건을 똑같이 갖추고 있습니다.

유아기의 아이들은 부모의 영향을 가장 많이 받으며 부모의 생각과 행동에 따라 아이들의 모든 것이 달라진다는 것을 꼭 기억하시기 바랍니다. 아이들을 위해 저는 매일같이 기도합니다. 언제나 머리가 될지언정 꼬리가 되지 않게 해달라고, 세상의 빛과 소금이 되게 해달라고 말입니다.

자녀 양육의 어려움은 어제오늘의 일이 아닌, 과거에도 현재에도 미래에도 모든 부모들에게 숙제입니다. 100점짜리 모범 답안지가 없기에, 아이들 한 명 한 명에 대한 답이 다 다르기에 다른 사람의 양육 방법이 내 아이에 대한 답이 될 수는 없습니다. 그래서 부모가 된다는 것은 정말 쉽지 않다는 말을 많이들 하는 것이겠지요.

아이들은 자아가 발달되기 시작하면 곧잘 엄마에게 대들거나 화를 냅니다. 만 3세 전의 아이들이 그러면 애교 또는 예쁜 심술로 보아줄 수 있지만 6세 이후의 아이들이 그런 행동을 하면 마치 다 큰 어른끼리 싸우는 것처럼 서로 감정싸움에 돌입해서 부모와 자식 간에 기싸움이 시작됩니다.

하지만 이 역시도 부모의 패로 끝나게 됩니다. 아침에 아이와 한바탕 전쟁을 치르고 나면, 부모는 그 일로 인해 하루 종일 일이 손에 잘 안 잡히는 반면에 아이들은 언제 그랬느냐는 듯이, 하루의 일과를 태연스럽게 진행합니다.

하루 종일 아이 때문에 아무것도 하지 못한 엄마에 비해 천연덕스러운 아이의 행동은 또 한 번 부모를 화나게 하거나, 허탈하게 하거나, 둘 중 하나의 감정을 갖게 하는 원인이 되곤 하지요. 자녀와의 갈등은 끝이 없는 싸움이라고 생각합니다. 그렇기에 아이를 감정을 갖고 대하기보다는 어른 된 마음으로 자녀에게 '사랑'을 가르치는 것이 훨씬 더 현명한 것이지요.

아이들과의 기싸움으로 인해 부모이지만 때로 자식이 미울 때가 한두 번이 아닙니다. 그러면서 부모가 가장 많이 하는 말은 "우리 아이가 변했어요.", "도대체 내가 저한테 못 해준 게 뭐가 있다고 왜 이렇게 심술을 부리는지 모르겠어요. 괜히 짜증내고 화를 내니 도대체 그 속을 알 수가 있어야지요.", "내가 왜 쟤를 낳아서 이렇게 힘이 드는지 모르겠어요." 등등입니다.

이런 일이 하루아침에 일어난 것은 아닙니다. 늘 그래 왔습니다. 그런데 예전에는 부모와 자녀 간에 '순종'이라는 단어가 통용되었고 아이들이 '효'에 대한 부분도 어느 정도 인지했습니다. 하지만 요즘은 그러한 기본교육이 차츰 사라지면서 부모가 아무리 잘해주어도 채워지지 않는 그 무엇이 있기에 아이들은 점점 더 반항적인 모습을 보이게 됩니다.

'사랑이 이긴다!'라는 말이 있습니다. 부모와 자녀 간에 믿음과 신뢰가 있어야 '사랑'이 이길 수 있습니다. 그래서 부모와 자녀 간에 믿음과 신뢰와 사랑의 마음을 갖게 하는 소통법을 한 가지 제안해 드리려고 합니다.

졸업한 제자가 스물여섯 살이 되었으니까 한 20년 전쯤으로 거슬러 올라갑니다. 그때는 일주일에 한 번씩 집에서 도시락을 싸 왔었습니다. 저는 그 시절, 부모님들께 도시락을 싸 오는 날은 '도시락 편지'를 써서 보내 달라고 했습니다. 일명 '도시락 편지'였습니다. 그 내용은 간단한 것도 있었지만 그중에는 어떤 엄마가 아이와 싸우고 난 다음에 아이를 유치원에 보내면서 자신의 마음을 적어 보낸 것도 있었습니다.

저는 도시락 위에 놓여 있는 도시락 편지를 점심시간에 아이들에게 읽어주었습니다. 처음에는 귀찮다고 생각했던 도시락 편지에 대한 반응이 점점 뜨거워지기 시작했습니다. 그 이유는 바로 아이들에게 엄마의 목소리로 편지를 읽어주었기 때문이었지요.

아이들은 매주 금요일마다 엄마의 편지를 기다렸습니다. 이렇게 도시락 편지가 생활화되면서 아이들은 부모님에 대한 감사와 사랑을 점점 더 크게 느끼게 되었습니다. 말을 안 들었던 아이도 엄마가 써 보낸 편지를 읽어줄 때는 편지 내용을 들으면서 머쓱해하는 표정을 지었지만, 자신을 특별하게 여기는 자존감과 자긍심을 키워나가는 것을 보게 되었습니다.

반항적인 성격인 아이의 아빠가 어느 날 쪽지편지를 보내 주었을 때, "○○야, 아빠가 ○○한테 편지를 써 주셨네. 선생님이 아빠 목소리로 읽어줄게." 하면서 아빠 목소리로 읽어주면 너무나 흐뭇한 미소를 지으면서 언제 자신이 말을 안 들었냐는 듯 점차로 변하는 모습을 보여주었습니다. 이렇게 아이들이 부모와 교감하면서 정서적으로 안정되고 안정적인 애착을 형성해가는 것을 직접 체험하면서,

부모가 아이에게 미치는 영향이 얼마나 큰 것인지 몸소 느꼈습니다.

이 시도는 점심이 급식제도로 바뀌면서 점차 사라졌습니다. 그러면서 아이들과 부모와의 관계 형성을 위해 해줄 수 있는 것들도 줄어들게 되어 매우 안타깝게 생각하고 있던 어느 날 문득 '그래도 이렇게 하면 어떨까?'라는 생각이 들었습니다.

최선이 아니면 차선을 선택하라는 말이 있듯이, 매주 금요일이면 어머님들이 과일을 싸서 보내 주시는데 이때 쪽지편지에 엄마의 마음을 적어서 보내 주시면 도시락 편지와 똑같은 효과를 보게 될 것이라는 생각이었습니다. 만 5세반 아이들과 이 교류를 지속할 경우, 인성교육에서 절대적인 비중을 차지하게 될 것이며, 다른 연령의 아이들도 지속적으로 부모님의 사랑의 편지를 받다 보면 부모에게 순종하는 아이로 변하게 되지 않을까 싶었습니다.

"엄마는 ○○이를 너무너무 사랑한다.", 또는 "오늘 하루도 씩씩하게 잘 지내다 오세요. 하나밖에 없는 내 아들(딸)", "친구들을 배려하는 너의 모습이 너무 예쁘구나." 이런 식으로 간단하게 쪽지편지를 적는 방법도 있고, 혹시라도 엄마가 자녀에게 하고 싶은 말이 있을 때 편지를 써서 보내면 선생님이 그 편지를 읽어주면 되지요. 물론 글을 읽기 전에 아이들한테 꼭 이렇게 물어보았습니다.

"이 편지 선생님이 친구들 앞에서 읽어줘도 되겠니? ○○이가 혼자 보겠다고 하면 그냥 혼자 읽어도 돼."

이렇게 아이들에게 먼저 물어보고 시작했는데, 어느덧 아이들은 모두 자기 편지를 빨리 읽어주기를 바라는 눈빛이었습니다. 편지를 보내 주시는 부모들이 점점 많아지면서 읽는 저도 점심시간의 일이 하나 더 늘어났지만, 아이들이 행복해하는 모습을 보면서 엄마의 따뜻한 마음을 전하는 것 역시 제가 해야 할 일 중의 하나라는 것을 깨닫게 되었지요.

지금도 그 얘기를 하시는 학부모님들을 만납니다. 도시락 편지를 통해 자녀와 더욱 많은 교감을 가졌던 부모들이었기 때문이지요. 한 번도 빠짐없이 도시락 편지를 보냈던 부모의 자녀는 역시나 부모의 마음을 그대로 받아 남을 배려하고 감사하는 마음을 가진 아이로 성장하고 있었습니다.

아이에게 '사랑'을 가르쳐주시고 싶지 않으십니까? 그렇다면 먼저 사랑을 전해주세요. 아이에게 사랑하는 법을 가르쳐주기 위해서는 부모가 먼저 사랑을 표현하는 연습을 할 필요가 있습니다. 쪽지 편지가 이 시대에 사랑의 메신저가 될 것이고 아이는 부모님께 사랑과 감사의 마음을 갖는 아이로 자랄 것입니다.

네 번째 편지

진짜 아이의 행복을 위한
최선인지 돌아보라

-

문제아동이란 절대 없다. 있는 것은 문제 있는 부모뿐이다.
-닐

어느 이른 아침, 한 아이가 울면서 들어옵니다. 퉁퉁 부은 눈을 보니 이미 집에서 한차례 울었던 것 같습니다. 아이는 두리번거리면서 누군가를 찾는 눈치입니다. 아침마다 "우리 예쁜 공주님 왔어요?"라는 의식을 치르고 있는데, 아마도 저를 찾는 중이겠지요. 그날 아침에는 유난히 할 말이 많았던가 봅니다. 아침 준비를 하다가 말고 아이를 꼭 껴안아주었습니다. 그리고 왜 울었는지 물어보았지요. 너무나 간단한 이유였지만 아이에게는 큰 사건이었습니다.

자신이 입고 싶은 원복이 있었음에도 엄마는 자신이 원하는 원복이 아닌, 다 헌 활동복을 입혀주었다는 것이 이유였습니다. 명색이 여자(?)인데 여자아이들이 본능적으로 외모에 관심을 갖는 것을, 그날 아침 아이의 엄마가 깜빡하셨던 게지요. 그날 마침, 저도 청바지와 티셔츠를 입고 있었습니다. 아이에게 저는 이렇게 말해주었습니다.

"원장님도 매일같이 예쁘게 옷 입고 다니지? 그런데 오늘은 원장님도 청바지하고 티셔츠를 입었어. 왜 그랬을까? 이렇게 비가 오는 날은 예쁘게 옷을 입는 것보다는 편한 옷을 입어야 옷에 흙탕물이 튀어도 괜찮은 거야. 만약 예쁜 옷을 입고 오면 옷 때문에 마음껏 뛰놀지 못하게 되겠지? 어른들도 그래서 비 오는 날에는 예쁘게 멋부리지 않고 원장님처럼 이렇게 편한 옷을 입는 거란다. 엄마가 유치원에서 즐겁게 놀라고 그런 건데, 그런 말을 안 하고 '그냥 입어!' 그랬지? 그래서 서운했던 거지? 엄마가 ○○이를 너무 사랑하기에 그런 거란다. 이제 엄마를 이해할 수 있어요?"

그제야 아이는 고개를 끄덕입니다. 언제 울었느냐는 듯이 미소를 짓고 날아갈 듯한 몸짓을 하며 본연의 모습으로 돌아갔습니다. 이렇듯 아이들의 행복은 작은 것에서부터 시작됩니다. 작은 행복이 모여 큰 행복이 된다는 지극히 평범한 원리를 사람들은 가끔씩 잊기에 결국 후회하는 일을 참 많이 하게 됩니다. 다음은 '누구를 위한 최선인가?'에 대한 우화입니다.

수컷 호랑이와 암소가 결혼을 했습니다. 결혼을 한 뒤 암소는 호랑이에게 최고의 풀을 주었고 호랑이는 최고의 등심을 암소에게 주었지만 결국 둘은 이혼했습니다. 그 이유는 서로 최선을 다했지만 서로의 입장에서 최선을 다한 것이 아니라 자신의 입장에서 최선을 다했기 때문이었습니다.

이를 통해 '최선이란 것이 무엇인가?'란 질문을 던지게 됩니다. 우리는 늘 "최선을 다한다."라고 말합니다. 그런데 그것이 과연 나를 위한 최선인지, 상대방을 위한 최선인지에 대해 생각해본 적이 있는지 자문해야 합니다. 그 말을 우리에게 해준 사람은 직업 공무원이었습니다. 우리의 직업이 아이를 가르치는 일이기에 그는 그 말과 함께 이런 질문을 던졌습니다.

"여러분이 최선을 다해야 하는 대상은 누구입니까? 한 번씩 생각하는 여러분들이 되시기 바랍니다."

그 말에 모두 공감했습니다. 우리가 최선을 다해야 할 대상은 아이들이란 것을 다시 한 번 새기게 된 시간이었습니다. 부모님께 자식들은 쉽게 "제가 처한 상황에서 최선을 다하고 있어요."라고 말합니다. 저 역시 예외는 아니었습니다. 그래서 지금 가슴앓이를 하고 있습니다. 정말 부모한테 최선을 다했다고 생각했습니다. '엄마'라는 단어를 떠올리면 항상 눈물이 나올 것 같았기에, 내가 크면 호강시켜드리겠다고 큰소리만 뻥뻥 쳤습니다. 그리고 나름대로는 그 약속을 지키기 위해 최선을 다한다고 하면서 살았습니다. 그런데 지금 와서 보니 그렇지 못했습니다.

엄마는 저와 함께 있을 때를 가장 좋아했습니다. 건강하고 씩씩했을 때나 병상에 있을 때나 대화의 상대자로 저를 택했기에, 함께하는 시간을 많이 가지는 것이 엄마를 위한 최선이었는데, 저는 그것을 소홀히 한 채 다른 것으로 최선을 다했던 것입니다.

만약 수컷 호랑이와 암소의 관계를 비유한다면, 서로가 추구하는 최선이 달랐기에 우리는 이혼을 하게 되었을 것입니다. 결국 '최선'을 통해서 모두가 행복해지기 위해서는 나를 위한 것이 아닌, 상대를 위한 최선이 되어야 한다는 것을 확실히 알게 되었습니다.

부모들은 아이들을 위해 지금 최선을 다하고 있습니다. 어느 때보다도 물질문명이 발달해 아이들이 원하는 것은 무엇이든지 다 해줄 수 있습니다. 그럼에도 실제 우리나라의 어린이들은 행복하다고 느끼지 않는다는 통계가 있습니다. 우리나라 어린이들의 행복지수는 65.98점으로 OECD 국가 중 꼴찌였습니다. 으뜸인 스페인(113.6)보다 47.6점이나 낮고 OECD 평균(100점)에선 34점이나 모자랍니다.

행복의 필수조건에 대해 어릴 때는 '가족'이라고 답하지만 고3이 되면 '돈'이 선두에 오릅니다. 소아정신과 의사들은 부모의 과잉 기대나 가족 불화로 병원을 찾는 아이들이 늘어난다고 말합니다. 부모가 서너 살짜리에게 영재교육을 시킨다며 책만 읽혔다가 자폐증을 부르는 경우도 있습니다.

행복한 어른이 아이와 대화도 잘 나누는 법입니다. 아이가 원하는 행복은 결국 큰 것이 아니었습니다. 돈이 들어가지 않는 지극히 평범한 것을 원하고 있었습니다.

아이의 행복을 위한 최선은 결국 어른이 아이와 함께 철부지처럼 놀아주는 것이며, 이러한 배려가 쌓일 때 아이들은 정서적으로 안정되고 큰 행복을 느끼게 됩니다.

초등생 중 11만 명의 어린이가 자폐아 증세를 보인다는 충격적인 사실에 말문이 막힙니다. 신문은 미국 예일대 팀이 경기도에서 세계 최초로 전수조사를 실시했는데 우리나라 아동의 자폐장애 유병률(일정한 지역의 인구에 대한 환자 수의 비율)이 미국, 유럽보다 훨씬 높다는 연구 결과가 나왔다고 했습니다.

미국 예일대 의대 아동연구센터 김영신 교수팀은 경기도의 한 지역에 사는 초등학생 5만 5천266명과 부모들을 대상으로 전수조사를 벌인 결과 미국, 유럽 1%, 일본 1.8%보다 높은 2.64%의 자폐장애 유병률을 보였다고 밝혔습니다. 의무기록, 장애자 명부, 특수학교 기록에만 의존하지 않고 전수조사를 벌인 것은 세계적으로 처음 이루어진 시도이며, 국내의 경우 자폐장애 유병률에 관한 최초 조사에 해당한다고 연구팀은 밝혔습니다.

신문 기사는 조사 대상 지역의 자폐장애 유병률이 높게 나온 것은 각 가정을 전수 조사한 것이 주된 요인으로 풀이된다며, 그로 인해 통계에 잡히지 않은 자폐장애 어린이를 더 찾아내게 된 것이지, 우리나라 어린이가 다른 나라 어린이보다 자폐장애가 더 많다고 보기는 어렵다고 합니다.

그렇더라 하더라도 일단 '부모'의 입장에서는 냉정하게 현실을 직시할 필요가 있습니다. 부모가 자녀에게 잘해준다고 생각했던 것들이 결국은 부모의 관점에서였지, 자녀의 관점에서만은 아니었다는 것을 알 수 있었습니다. 어찌 보면 가장 중요한 시기인 영·유아기에 '부모가 과연 자녀를 위해 올바른 역할을 했는가?'에 대해 반성적인 사고를 갖게 하기에 충분한 결과입니다.

'최선'이라는 단어의 의미를 다시 한 번 새겨보시기 바랍니다. 과연 내가 가족에게 다하는 최선이 나를 위한 것인가, 가족을 위한 것인가? 만약 가족을 위한 것이라면, 진심으로 그들이 원하는 것을 위해 최선을 다하는 것인가, 아니면 내가 정한 기준에 맞추어 나의 만족을 위해 최선을 다하는 것인가? 자녀를 위해 나는 어떤 부모였나? 자녀를 위한다고 했던 것들이 결국 나의 욕심을 채우기 위해서였던 것은 아니었을까? 자문해보십시오.

아이가 나를 필요로 할 때 나는 그 아이를 뿌리치지는 않았는가? 아이에게 물질적으로 풍요롭게 해주는 것에만 치우쳤던 것은 아닐까? 아이와 매일같이 눈을 맞추며 대화를 나누고 스킨십을 자연스럽게 했던 부모였나? 그냥 무조건 자녀에게 잘해주는 것이, 자녀를 자유롭게 키우는 것이 가장 좋은 부모라고 생각하면서 '방임형'으로 자녀를 키우지는 않았는가? 이제부터 수컷 호랑이와 암소의 관계를 떠올리며 아이가 행복해질 수 있게 최선을 다하는 삶을 살아가시길 바랍니다.

어른이 먼저
어른답게 행동하라

—

교육이란 알지 못하는 바를 알도록 가르치는 것을 의미하는 것이 아니라,
사람들이 행동하지 않을 때 행동하도록 가르치는 것을 의미한다.
-마크 트웨인

"세상에는 혼자 잘나서 풀 수 있는 문제가 없습니다. 다양한 지식과 능력을 지닌 전문가가 함께 모여 팀워크를 이뤄야 하는 세상이지요. 노벨상에 공동 수상자들이 점점 많아지는 것만 봐도 그렇습니다. 스티브 잡스, 빌 게이츠의 성공은 그들만큼이나 훌륭했던 파트너들이 있었기에 가능한 일이었지요. 아무도 나와 일하고 싶어 하지 않으면 나는 일을 할 수 없게 됩니다."

동국대학교의 석좌교수 조벽 교수는 모든 것은 인성과 관련되어 있다는 말과 함께 인성과 창의성을 바탕으로 한 글로벌 인재교육이 가능하려면 교사와 부모들이 '어른십(ship)'을 갖추어야 한다고 강조합니다.

"우리나라는 전통적으로 인성을 강조해 온 나라입니다. 지혜와 아량, 신뢰가 있는 어른들이 많아져야 가정과 학교에서 인성교육이 빠르게 자리 잡을 수 있습니다. 인성과 학습은 상반되는 개념이 아닙니다. 호기심, 모험심, 배려심 등을 키우는 교육은 아이들의 성적을 향상시킵니다. 학교 폭력도 사라지게 합니다. 개같이 공부하면 정승이 된다고요? 짐승이 될 뿐입니다."

그는 글로벌 인재에게 필요한 세 가지는 '창의성', '전문성', '인성'이라고 했습니다. 그중에서도 가장 중요한 것은 '인성'인데 여기서의 인성이란 도덕 또는 윤리적 개념이 아니라, 삶에 대한 열정, 모험심, 호기심, 자신감, 가치관 등을 포함하는 보다 포괄적인 의미입니다. 조 교수는 그 전형적인 사례로 김용 총재를 꼽았습니다.

이는 세계은행 김용 총재 선임 과정에서도 화제가 된 바 있습니다. 경제 전문가가 아닌 그가 세계은행 총재에 오를 수 있었던 데는, 비영리 의료봉사기구를 조직해 세계보건기구와 공동으로 결핵과 에이즈 등 저개발국의 질병 퇴치를 위해 오랫동안 헌신해 온 그의 삶이 결정적 역할을 했습니다.

또 하나 중요한 것은 그가 봉사와 헌신에 삶의 가치를 둔 인성교육을 '가정'에서 받으며 자랐다는 점입니다. '오늘의 나를 만든 가치는 아버님의 실용성과 헌신하는 삶에 대해 강조하신 어머님의 말씀'이라고 했을 만큼 김용 부모의 가정교육은 철저히 인성을 토대로 이루어졌습니다. 특히 어머니 전옥숙 씨는 아들에게 늘 '나 자신은 누구인가, 내가 세상에 무엇을 줄 수 있는가' 등의 질문을 던지면서 '위대한 것에 도전하라'라고 가르쳤다고 합니다.

글로벌 인재들의 또 다른 공통점은 삶의 목표가 뚜렷했다는 점입니다. 6명의 자녀를 각계 엘리트로 키워낸 전혜성 예일대 교수는 "아이들에게 삶에 대한 뚜렷한 목적과 열정을 갖게 하는 것이 무엇보다 중요하다."고 강조해 왔습니다. '목숨을 바쳐서라도 이걸 해야겠다는 열정이 생기면 공부하지 말라고 해도 아이들은 스스로 공부한다'는 것입니다.

실제로 장남인 고경주 미 전 차관보는 "어머니는 항상 우리에게 개인적인 성공보다는 많은 사람을 위해 일하라고 했다. 내가 공중보건학을 전공하게 된 것도 그 때문이다. 잘 세운 보건정책 하나가 수백만, 수천만 명의 건강과 생명을 지킬 수 있기 때문이다."라고 말했습니다.

아이들과 대화를 나누었습니다. 글로벌 인재가 되기 위해 갖추어야 할 인성에 대해 토론하면서 아이들의 눈빛이 흔들리고, 뭔가 하고 싶은 말이 많은 것 같은 표정을 읽었습니다. 그리고 물어보았습니다.

"김용 총재는 부모님이 해주신 '위대한 것에 도전하라'라는 말씀을 가슴에 안고 '세상의 불평등을 없애겠다'는 큰 꿈에 도전해 마침내 세계은행 총재가 되었습니다. 그렇다면 여러분들에게도 가정에서 늘 부모님이 김용 총재처럼 어떤 사람이 되어라, 라고 말해주었을 텐데 한번 말해보도록 할까요?"

아이들은 부모님이 해주신 말씀을 잊지 않고 주저 없이 발표했습니다. '최선을 다해라, 포기를 앞세우지 마라, 어떤 일에든지 집중하는 사람이 되어라, 부모님에게 걱정 끼치는 일을 하지 마라' 등이었습니다.

김용 총재의 어머니처럼 우리 부모님들도 가정에서 아이들에게 꾸준히 지속적으로 좋은 말씀을 해주셨습니다. 결정적으로 아이들에게 해준 말은 이것이었습니다.

"인성교육은 가정에서부터 비롯되며 가정교육은 곧 부모님이 시키시는 것이니만큼 너희들이 밖에서 잘못된 행동을 해서 학교나 학원이나 너희가 속한 집단에서 좋지 않은 말을 듣는다면 그것은 곧 부모님을 욕되게 하는 행동이다. 그런 만큼 이후에는 그런 행동을 하지 말고 어디서든지 인정받는 사람이 되어야 한다."

초등학교 2·3·4학년 아이들 중에는 정신적으로 성장한 아이들이 꽤 많습니다. 그러다 보니 아이들은 자신이 가정에서 받은 인성교육 중에서 실천하지 않은 것이 무엇인지 스스로 깨닫게 되고, 결국 자신이 밖에서 잘못하면 부모님이 자신 때문에 좋지 않은 말을 듣게 된다는 것을 알게 되었습니다. 앞으로는 그렇게 하지 않아야겠다는 각오와 함께 부모님께 감사하는 마음을 가지는 것을 보았습니다.

어버이날이 되면 사람들은 인위적으로라도 '효도'를 하려고 합니다. '효'에 대한 가치가 점점 사라지고 있는 요즘, 일부러라도 멍석을 깔아주고 효도를 하라는 '어버이날'은 어쩌면 현대인에게는 꼭 필요합니다.

10년 동안 병상에 계셨던 엄마마저 저세상으로 보내고 첫 어버이날을 맞이했을 때였습니다. 전해까지는 매우 분주했던 어버이날이 그해는 무척이나 단출하다고 느꼈습니다. 살아 계실 때는 바쁜 가운데 이런저런 부모님을 위한 행사를 치르는 것이 때로 부담으로 다가왔었지만, 지금은 그러한 일을 하고 싶어도 받을 대상이 시어머님 한 분밖에 안 계시다는 것이 마음 한구석에 허전함으로 다가왔었습니다.

부모님 살아 계실 때는 몰랐던 것들이 살면서 하나둘씩 떠오를 것이라는 어르신들의 말씀이 하나도 틀리지 않았습니다. 너희가 언제까지 천년만년 그렇게 젊게 살 줄 아느냐고 말씀하셨던 옛 어른들의 말씀이, 그리고 부모에게 효도하지 않고 살아가는 젊은 사람들을 질책했던 그 말씀들이 구구절절 옳았음을 나이가 들어서야 깨닫게 되었습니다.

효도는 천륜과 인륜으로서 인간이 지켜야 할 도리이며, 이 세상에 태어나게 한 사람에 대한 의무감으로라도 당연히 지켜야 할 예의입니다.

아이들의 교육 때문에 많은 부모들이 걱정합니다. 초등학교 고학년이 된 아이에게 물어보니 학교에서는 "일부러 센 척하는 아이들이 많아요."라면서 "그 아이들 때문에 학교에 가기가 싫고 공포스러워요."라고 말했습니다.

이 아이들이 이렇게까지 된 것을 아이들 탓으로만 돌릴 것인지, 부모 된 입장에서 묻게 됩니다. 아이들에게 근본적인 교육인 부모님을 대하는 태도, 남을 대하는 태도, 그리고 사회성만 잘 가르쳤더라도 이렇게까지는 되지 않았을 것입니다.

어렸을 때부터 차곡차곡 쌓아야 할 근본적인 교육을 시킬 생각은 하지 않고, 눈에 넣어도 안 아플 자식이라는 마음만 앞서서 그냥 예뻐만 한 것은 아닐까요? 내 아이를 행여 누가 어떻게 할까 봐 조금이라도 피해를 입으면 내 아이를 보호하기에 바빴던 그러한 마음들 때문에 결국 우리 아이들은 집단 속에서 피해자와 가해자로 나뉘어 함께 삶을 살아가게 되었습니다.

'일부러 센 척해야 한다'는 그 말이 가슴을 아프게 합니다. 그렇게 하지 않으면 자신이 피해를 보기에 살기 위해서 그렇게 한다고 합니다. 센 척하는 아이들도, 다른 아이들을 괴롭히는 아이들도 결국 부모님에게는 모두 소중한 자식들인데, 왜 그걸 몰랐을까요? 이런 현실이 안타깝기만 합니다.

지금이라도 아이들에게 무조건 사랑을 퍼주는 것이 아니라 가치 있는 사랑이 무엇인지를 가르쳐주시기 바랍니다. 우리 부모님들은 과연 조부모님들께 '자식들 보기에 부끄럽지 않게 효도를 잘 했었나?' 생각해보는 시간을 가져보는 건 어떨까요?

여섯 번째
편지

미래에 경쟁력이 있는
아이로 키우는 법

더 많이 준다고 아이를 망치는 게 아니다.
충돌을 피하려고 더 많이 주면 아이를 망친다.
-존 그레이

"타고난 리더는 없다."

이는 세계적인 경영학자인 피터 드러커의 말입니다. 그렇습니다. 태어날 때부터 리더로 태어나는 사람은 없습니다. 리더는 태어나는 것이 아니라 만들어지는 것입니다. 그는 리더십도 교육과 훈련을 통해 충분히 향상시킬 수 있으며, 리더십은 혼자만의 자질에 달린 게 아니라 리더를 따르는 많은 사람들과의 소통에 의해서, 또 사람들이 처해 있는 상황에 따라서 다르게 나타난다는 이론을 발표했습니다. 한마디로 누구나 리더가 될 자질을 가지고 있지만 그런 자질을 잘 발전시키는 사람만이 진정한 리더가 될 수 있다는 것입니다.

저마다 '리더가 되고 싶다'고 생각하고, 욕심도 많은 만큼 할 줄 아는 것도 많고, 다재다능한 아이라고 생각하고 있음에도 리더로 인정받지 못하는 아이들을 보면, 한편으로는 안타깝고 한편으로는 그만한 이유가 있음을 발견하게 됩니다.

리더는 자신과 함께하는 조직의 사람들을 바람직한 방향으로 이끌어가는 사람이기도 하지만, 자기 자신을 이끄는 사람이 되어야 합니다. 자신이 왜 리더가 되고 싶은지에 대한 동기부여 없이는 리더가 될 수 없습니다. 동기부여란 어떤 목표를 위해 행동하도록 의욕을 불러일으키는 것이어야 합니다.

이렇게 자기 자신을 이끌어가는 리더십, 즉 셀프 리더십을 발휘하기 위해서는 자기 자신을 사랑해야 하고 남보다 더 노력해야 하며, 스스로를 격려하고 칭찬할 수 있어야 합니다.

"괜찮아.", "잘될 거야.", "넌 충분히 해낼 수 있어." 등의 긍정적인 말을 통해 자신감을 북돋워주는 부모! 그런 부모가 좋은 부모입니다.

아이들에게는 저마다 특징이 있으며 모든 아이들은 장점과 단점을 골고루 갖추고 있습니다. 장점은 아이의 마음에 뿌려진 씨앗이라서 물과 비료를 적당하게 주어야 뿌리를 내리고 싹을 틔우고 꽃을 피우고 열매를 맺는데, 안타깝게도 많은 부모가 아이의 장점을 발견하지 못하고 단점만 속속들이 발견해서 온종일 아이에게 비판과 명령을 내립니다.

이때 아이의 마음속에서 자라던 장점의 씨앗은 우박, 바람, 서리를 맞으면서 잘 자라지 못하고 시들거리다가 죽게 됩니다. 무수한 아이들이 장점을 발전시키지 못하고 결국에 단점만 수두룩한 아이가 되는 이유는 이 때문입니다.

'세상에 아름다움은 부족하지 않다. 다만 부족한 것은 아름다움을 발견하는 눈이다'라는 말이 있습니다. 아이를 키우는 부모의 입장에서 볼 때 아이가 잘하는 것이 많음에도 그것은 당연한 것이라는 마음에 장점으로 보지 않습니다. 그리고 유난히 거슬리는 단점만 눈에 잘 띄어서 세상에 존재하는 아이의 아름다운 것들을 보지 못하게 되는 것입니다. 또, 다음의 글도 눈여겨볼 일입니다.

"부모의 교양과 이성은 아이를 교육시키는 방법에서 고스란히 드러난다. 교육을 위해서 어떤 방법을 이용할 때 먼저 무엇을 강화하려는 것인가, 아이가 좋아하는가 싫어하는가, 아이에게 긍정적인 영향을 주는가, 부정적인 영향을 주는가, 격려의 작용이 있는가 상쇄의 작용이 있는가, 단기적인가 장기적인가, 고상한가 저속한가를 고려해야 한다. 그렇지 않고 오직 자신의 기분과 정서, 습관에 따라서 아이를 교육하면 교육의 목적을 달성하기는커녕 목적이 근본적으로 파괴된다."

여기서 짚고 넘어가야 할 것이 바로 '부모 역할'입니다. 많은 부모들이 '우리 아이가 다른 집 아이보다 잘했으면' 하는 바람을 갖고 있습니다. 아니, 이것은 소박한 마음이고 어쩌면 진실은 '어디서든지 튀는 아이가 되었으면……' 또는 '어디서든지 인정받는 아이가 되었으면'으로 시작해서 '리더가 되었으면……' 하는 생각들을 하는 것입니다.

부모이기에 자녀들에게 바라는 것이 많은 것은 당연합니다. 바라는 것만큼 부모들 또한 예전보다 더 열심히 자녀들의 뒷바라지를 위해 온 힘을 다하고 있습니다. 하나님은 사람을 만들 때 부모가 자신의 아이를 정성껏 키우게 하기 위해서 자신의 아이를 사랑하게 만들었다는 말이 있습니다. 따라서 '부모'라는 또 하나의 이름을 갖고 있는 사람들에게는 "일이 바빠요."를 포함해 어떤 이유도 아이에게 신경을 덜 쓰는 핑계가 될 수 없다고 합니다.

한편 '나는 좋은 엄마'라고 스스로 말하는 사람들 중에는 아이에게 무조건 헌신적이고, 무조건 아이의 말을 잘 들어주며 아이를 기다려줄 줄 알고, 아이가 떼를 써도 끝까지 아이에게 큰 소리 치지 않으면 된다고 생각하시는 분들도 계십니다. 그러나 우리가 말하는 좋은 엄마는 '아이의 인성을 걱정하는 엄마'입니다. 아이가 올바른 사회인이 될 수 있도록 엄마가 해야 할 일을 보다 철저히 해야 합니다. 엄마들은 가르친다고 생각하는데 아이는 엄마의 말을 안 듣습니다.

아이가 듣기에 엄마는 가르친 것이 아니라 '잔소리'를 했을 겁니다. 그래서 늘 듣는 소리라고 생각하기에 엄마의 가르침이 통하지 않는 것입니다. 훈육이 습관화되지 않고 잔소리가 습관화되었기 때문입니다. 언제나 올바른 리더십을 배우면서 성장하는 아이! 남에게 영향을 주는 사람! 바람직한 방향으로 조직을 이끌어가는 사람으로 키우는 것을 목표로 해야 합니다.

교육에 '아이들을 행복하게 만들어주는 것이 가장 좋은 교육이며 이렇게 하기 위해서는 엄마가 욕심을 버려야 한다'는 전제조건이 필요하다는 내용을 접했을 때, '과연 자식에게 욕심이 없는 부모가 있을까?'라는 생각이 들었습니다. 미래 인재를 키우기 위해 해야 할 일 또한 감성적인 부분을 벗어난다면, 창의적인 인재 육성을 위해서는 적어도 다양한 체험이 필요합니다. 그러기 위해서는 부모의 역할이 매우 중요한데 이것 역시 욕심을 가져야만 이루어질 수 있는 일입니다.

훌륭한 인재를 키워내는 부모는 가정과 사회와 국가를 위해 매우 큰일을 하는 것입니다. '과연 누가 이런 사람을 키워낼 것인가?'에 초점을 맞추다 보면, 그래도 '맹모삼천지교'를 실천한 맹모 같은 사람이, 교육열이 높은 사람이, 교육에 관심이 있는 사람이 자식을 훌륭하게 키워내고 있기에, 교과서 같은 이론을 실천하는 데는 역부족임을 매번 느끼게 됩니다.

그래서 많은 부모들의 마음속에는 '뭐 벌써 그런 것을 시켜. 그냥 놀게 놔두지'라면서도 한편에서는 '우리 아이만 노는 것은 아닐까? 그러다가 뒤처지면 어떡하지'라는 두 가지의 마음이 공존하게 됩니다. 옳고 그름에 대한 판단을 떠나 불안의 요소를 없애기 위해 이것저것 시키는 부모들도 의외로 많은 것이 현실입니다.

전 교육부 장관이었던 문용린 서울대 교수의 〈인내심을 갖고 아이의 재능을 찾아라〉라는 글 속에서 부모들이 새겨야 할 내용을 발견했습니다. 그중에서도 꼭 새겨야 할 내용은 '세상은 변하고 있다'는 현실을 일깨워준 말이었습니다.

"세상은 변화하고 있다. 일류대를 나와도 취업이 안 되는가 하면 지방대를 나와도 '자신만의 무기'만 있다면 취업하는 시대가 되었다. 지금 성장하고 있는 아이들이 사회에 나갈 즈음이면 명문대 졸업장이 아무 의미가 없어질지도 모른다. 좋아하는 것을 포기하고 책상머리에 앉아 문제집을 뒤적이고 있을 필요가 없다. 그렇다면 우리 아이들은 무엇을 준비해야 할까?

내가 가장 중요하게 생각하는 것은 '예측하지 못한 위기 상황에 대처할 수 있는 능력'이다. 다시 말해 위기 앞에서 좌절하지 않고 살아남는 '자생력'이다. 우리의 아이들은 지금과는 비교도 할 수 없이 빠르게 변하는 시대를 살아야 한다. 그런 시대는 섣부른 예측을 허용하지 않는다. 1년 뒤, 한 달 뒤를 내다볼 수 없기에 변화에 대응할 준비도 제대로 할 수 없다. 어제의 해답이 오늘은 오답이 되어버린다.

이런 사회일수록 좌절할 만한 일이 도처에 널려 있다. 어느 시대 누구에게나 극심한 좌절감이 인생에 한두 번은 찾아온다. 이때 자살이나 폭력 같은 극단적인 방법을 택하는 사람들은 대부분 자생력을 충분히 갖추고 있지 못하기에 그런 일을 벌인다."

이 글은 '좌절감을 스스로 극복하는 능력'이 공부보다 더 중요하다는 것을 일깨워주고 있습니다. 자생력을 키우기 위해서는 '실패'와 '결핍'을 경험하게 해주어야 하는데, 실패와 이를 극복하는 과정을 반복하면서 내성이 길러지는 것입니다. 적어도 위기와 좌절에 맞닥뜨렸을 때 어떻게 해결해야 할지 몰라 쩔쩔매는 유약한 사람이 되지 않기 위해서는 위기를 스스로 헤쳐 나갈 수 있는 자생력을 갖추는 것이 가장 바람직할 것입니다.

정서지능이란 아이가 자신의 감정과 충동을 절제하고 타인의 감정을 예민하게 수용하며, 스스로 마음을 다스릴 수 있는 능력을 말합니다. 성공적인 인물들은 모두 정서지능이 높았습니다. 공부 잘하는 아이가 성공하지 못하는 사례가 많은 건 정서 능력을 키워주지 못했기 때문입니다.

문용린 서울대 교수는 '정서지능교육'을 하려면 아이 앞에서 부모가 정서 능력을 지닌 사람의 태도를 보이고 남을 생각하는 이타적 행동을 실천하면서 인내하고 양보하되, 때론 단호하고 용기 있는 모습도 보여주어야 한다고 말합니다.

정서 능력은 대인관계에 도움을 주고, 위기가 닥쳤을 때 돌파할 수 있는 의지를 주며, 판단이 필요한 순간에는 현명함을 줍니다. 따라서 아이의 정서지능이 높아질수록 자신은 물론이고 부모와 가족, 주변 사람들도 행복해질 수 있다는 것입니다.

정서 능력을 높이기 위해서는 다섯 가지 전략이 필요한데 자기 자신을 아는 능력(자기 인식 전략), 인생의 어려움을 헤쳐 나가는 능력(자기 동기화 전략), 남의 입장이 될 줄 아는 능력(감정이입 전략), 나를 알고 상대를 아는 능력(대인관계 전략), 먹잇감이 아닌 포수가 되는 능력(정서 조절 전략)이 그것입니다.

미래의 우리 아이들이 경쟁력 있는 인재가 되기 위해서는 이렇듯 정서지능이 필요합니다. 이를 향상시키기 위한 교육을 언제나 우선시해야 합니다.

'바보 성공시대'란 말이 있습니다. 어려운 시기일수록 '바보 같은 사람들'이 많이 나와주어야 나라가 평안하고 국민이 진정한 행복에 이를 수 있다는 말입니다. 테레사 수녀에 버금가는 정신적인 지주였던 김수환 추기경은 자화상에 스스로 '바보'라고 서명했으며, 성인인 예수도 바보였고 석가모니도 바보였습니다.

여기서 바보의 정의는 '자신의 이익보다 다른 사람을 먼저 배려하고 희생하는, 세속적인 가치기준으로 볼 때 어리석어 보이는 사람'이라는 의미를 갖는다고 합니다.

모두가 잘나고 똑똑한 세상에서 '이해관계를 따지지 않고', '사랑하면 변할 줄 모르고', '누구에게도 위해를 가하지 않고', '꾸준히 자신의 할 일만 하는' '바보'들이 '잘난 이들'과 함께 성공하는 시대를 만들어야 진정한 의미의 성공이라는, 아니 어려운 시기일수록 잘나고 똑똑한 사람보다 오히려 바보들이 많이 나와야 나라가 더욱 굳건해진다는 이야기를 통해서 다시 한 번 자신의 모습을 돌아봅니다.

가끔씩 '바보 같은 사람'이란 말을 듣는 것도 그다지 나쁘지 않았던 기억을 떠올려봅니다. 혼자 바보 같은 행동을 함으로써 주변의 사람들이 이익을 보았다면 그것이 바로 '바보 성공시대'를 살아가는 사람으로서 역할을 한 것이라는 생각이 들었습니다.

바보는 손해를 보지만 똑똑한 사람은 자기 실속을 차리고 절대 손해 보는 행동은 하지 않는다고 했습니다. 그런데 실속을 차리고 손해 보는 행동을 하지 않는 사람을 바라보는 바보에게는 똑똑한 척하는 그 사람이 오히려 불쌍해 보이고, 그 사람에게 측은지심이 느껴집니다. 지금 당장 손해를 보더라도, 그 손해를 보는 순간 마음이 편했다면 그것은 잘한 행동입니다.

가족 간의 분쟁은 모두 '바보 같은 사람이 되지 않기 위해서' 일어나는 것이며, 이웃 간의 분쟁 역시 똑같은 이유에서 일어나는 것입니다. 하지만 어느 한 사람이 '바보'를 자처한다면 분쟁은 줄어들 수 있을 것이고 보다 빨리 평화롭게 어떤 일이든 매듭짓게 될 것입니다.

모두에게 사랑받는 사람이 되기 위해서는 적어도 어느 한 사람에게만큼은 옳고 그르다 판단해주는 솔로몬의 명판결이 필요합니다. 그 역할을 부모님께서 하실 때 자녀는 자생력도 키우게 되고 미래 인재로서 필요한 인성도 갖추게 됩니다. 또, 조건 없는 무한대의 사랑을 타인으로부터 받음으로써 그 사랑을 또 남에게 전달하는 배려의 사랑도 배울 수 있습니다.

배려를 잘하는 사람이 때로는 바보같이 보일 수도 있습니다. 하지만 그런 사람으로 인해 사회는 따뜻해지고 그로 인한 혜택을 모두 골고루 받게 되는 것입니다.

모두가 행복한 세상을 만들기 위해서는 사람들 모두가 정서지능이 높아야 하는데, 이미 성인이 된 사람들은 이것에 대한 인식이 부족할 수 있습니다. 그렇다면 이제 한창 자라나는 아이들의 '정서지능'을 키워주어 아이들을 행복하게 만들어주는 것이 가장 바람직할 것입니다.

교육, 선생님과 자신에 대한 믿음이 우선이다

한 명의 훌륭한 교사는, 때로는 타락자를 건실한 시민으로 바꿀 수 있다.

-P. 윌리

요즘 연일 어린이집 교사의 어린이 폭력사건으로 시끄럽습니다. 물론 아주 일부의 몰지각하고 무책임한 교사들의 처사임은 분명합니다. 어린이집의 교사들이 집단으로 3일 동안 휴가를 받아 근무를 하지 않는다는 뉴스도 있었습니다. 하지만 염려했던, 부모님들이 겪어야 할 대란은 일어나지 않을 것이며 그 빈자리는 원장과 그 외의 인력들이 채울 것이라는 보도였지요.

이런 보도가 나올 때마다 마음이 착잡했습니다. 어린이집 교사들이 이렇게 집단으로 행동하게 된 이유는, 5년 동안 보육비가 동결되어 어린이집의 보육의 질이 떨어질 수밖에 없는 위기 상황이기 때문입니다. 보육료 인상의 필요성을 주장했지만 5년 만에 3%의 보육비 인상이라는 해결책을 내놓아 결국 어린이집 교사들의 감정이 폭발하게 된 것입니다. 이 보도를 들으면서 지나간 시간들을 기억해봅니다.

"국가가 나에게 무엇을 해주기를 바라지 말고 내가 국가를 위해 할 수 있는 일이 무엇인가를 먼저 생각하라!"

이는 미국의 케네디 대통령이 한 말입니다. 그런데 저는 이 말을 곧잘 합니다. 누구에게냐고요? 저와 제 주변 사람들에게, 그리고 나아가 학부모님들에게도 하는 말입니다. 그리고 언젠가 저는 이 말을 공무원에게 한 적이 있습니다. 국가 공무원들이 어떻게 하면 저출산을 극복할 수 있는지 의논하려 마련한 간담회 자리였습니다. 저는 이 자리에서 제가 하고 있는 일과 관련지어 국가가 해야 할 일이 정말 무엇인지에 대해 하고 싶은 말을 했었습니다.

"저출산 문제를 해결하기 위해서는 아이들을 양육시키기 좋은 나라를 만들어야 합니다. 실제로 우리나라는 국공립 어린이집보다 민간 어린이집이 더 많은 상황에서 맞벌이 부부들을 위해 민간 어린이집이나 유치원이 국가를 대신해서 일하고 있는데, 그렇다면 어떤 것이 먼저일까요? 아이를 돌봐주는 사람들이 편안하게 어린이집을 운영할 수 있도록 만들어주는 게 먼저 아닐까요? 그런데 지금 어린이집은 어떻습니까? 코에 걸면 코걸이, 귀에 걸면 귀걸이가 되는 법 조항으로 어린이집 원장들 손발을 다 묶어놓고 아이들을 위해 질 높은 보육을 하라고 하면 누가 그걸 하겠습니까?

사실 확인도 하지 않은 채 어떻게든 어린이집의 허물을 들춰내고자 하는 상황에서 어린이집 원장들에게 제도와 정책을 따르라고 한다면 결국 손해는 아이들이 볼 수밖에 없는 것입니다. 이런 제도가 계속된다면 저 같은 사람은 어린이집을 운영할 수 없어요. 보육의 질이 떨어질 걸 뻔히 아는 상황에서 어떻게 제가 어린이집을 운영할 수 있겠습니까? 차라리 안 하고 말겠습니다.

저출산을 극복하는 방법은 질 좋은 어린이집을 많이 만들어서 학부모님들이 마음 놓고 아이들을 보낼 수 있도록 하는 거예요. 저는 국가가 저에게 아무리 해준 게 없어도 아이들에게 제가 해주고 싶은 것을 마음껏 해주지 않으면 제 양심이 허락하지 않기에 지금까지 어린이집을 제 양심껏 운영해 왔습니다.

그런데 이제 이렇게 제 마음에서 우러나와서 하는 것들 자체가 다 법에 저촉된다면 아이들에게 좋은 것 보여주지 못하고, 질 좋은 프로그램을 제공할 수도 없기에 어린이집을 운영할 수가 없지요. 18년 동안 어린이집을 운영해 왔던 원장으로서 정말 많은 회의가 밀려옵니다. '내가 고작 이런 현실을 보려고 이렇게까지 열심히 살았나?' 하는 생각 때문이지요."

그리고 저는 이런 말을 덧붙였습니다.

"저는 국가가 하지 못하는 일을 지금 하고 있습니다. 바로 우리 원에 다니는 아이의 부모가 동생을 출산하면 꽃바구니를 보내는 일을 하고 있지요. '어머님은 애국자이십니다' 이렇게 문자를 보내 드리기도 합니다. 어린이집이 학부모들에게 매 순간 감동을 주고, 또 아이들에게 질 높은 교육과 보육을 시키는 데 앞장선다면, 아이를 낳지 말라고 해도 낳을 겁니다.

실제로 우리 학부모님들은 저에게 그런 말을 많이 해주셨거든요. 아침부터 저녁까지 저희처럼 운영하는 곳이 많다면 왜 아이 낳기를 두려워했겠느냐고 말입니다. 이런 말씀을 해주시는 것을 들으면서 저는 보람을 느끼곤 했습니다. 아마도 출산한 학부모님에게 꽃바구니를 보내는 일은 제가 교육기관을 운영하고 있는 한 계속할 겁니다.

그리고 어린이집 원장들을 너무 매도하지 마세요. 만약 어린이집이 없다면 정말 안 되는 거 맞잖아요. 그런데 왜 좋은 모습들은 보여주지 않고 부정적인 모습들만 들춰내서 불신을 갖게 하는 건가요? 교육은 믿음이 중요한 건데 마치 모든 어린이집이 아이들에게 잘못 먹이는 것처럼, 또는 모든 교사들이 어린이들에게 잘못하는 것처럼 보여준다면 부모님들도 그렇고 사명감을 갖고 일하는 교사들과 원장들은 뭐가 되겠어요? 저는 평소 정치에는 관심이 없지만 어린이집 정책을 대하다 보면 울분이 치미는 게 한두 가지가 아니라서 어떨 때는 정치를 하고 싶을 때도 있다니까요."

어린이집부터 시작해서 지금에 이르기까지 20여 년 동안 그 세월만큼이나 많은 일들이 있었습니다. 좋은 일도 많았지만 이루 말할 수 없는 아픔과 분노의 순간도 있었습니다. 울분을 삼켜야 하는 많은 일들을 수도 없이 겪어야 했습니다. 하지만 그럴 때마다 마음을 다잡고 일했던 이유는, 이 일은 반드시 누군가가 해야 할 일이라는 책임감과 사명감이 저의 그런 감정을 누르곤 했기 때문입니다.

어린이집과 유치원은 아이들에게 반드시 필요한 곳이며, 설사 학부모들이 힘들게 할지라도, 또는 제도와 정책이 저를 힘들게 할지라도 죽을 때까지 해야 할 일이라는 생각을 갖고 한 우물을 팠습니다.

지금 저희 어린이집은 만 2세반만 운영하고 있습니다. 그 이유는 현재 어린이집의 보육료와 정책으로는 만 3세부터 만 5세까지에 해당하는 아이들에게 유치원만큼의 질적인 교육을 제공할 수 없기 때문입니다. 국가가 어린이집의 아픔을 너무나 많이 외면했음에도 어린이집을 운영하고 있는 원장들이 외롭게 현장을 지키며 투쟁하는 모습을 지켜보면서 아직도 마음 한구석에서 쉽게 노여움이 사라지지 않는 저 자신을 보게 됩니다. 오전 7시 30분부터 오후 7시 30분까지 24시간 중 12시간을 일하는 어린이집의 현실을 애써 외면하려 하면 할수록 해결책은 보이지 않고 끝없는 갈등만 야기할 것이기에 답답할 뿐입니다.

다음은 한 어린이집의 교사가 교육 카페에 '나는 어린이집 교사입니다'라고 올린 글의 일부입니다. 교사들이 읽으면 '맞아, 맞아'라고 공감하게 되고, 학부모가 읽으면 '아, 우리 선생님들이 이렇게 생활하고 있구나'라고 느끼게 하는 글이라고 생각했습니다.

"조그만 소리에도 몹시 놀라는 나는 어린이집 교사입니다. 전화가 오면 목소리가 자동으로 변하는 나는 어린이집 교사입니다. 언제나 90도로 배꼽인사를 하는 나는 어린이집 교사입니다. 유치한 물건에 욕심이 생기는 나는 어린이집 교사입니다. 쓰레기나 재활용 물건이 보이면 '이것으로 무얼 만들 수 있을까?'라는 질문이 먼저 떠오르는 나는 어린이집 교사입니다. 몸에도 맞지 않는 작은 의자에 내 몸을 맡기는, 그래서 허리가 아픈 나는 어린이집 교사입니다.

내가 없을 때 혹시나 무슨 일이 벌어지진 않을까 몹시 걱정되어 맘 놓고 화장실조차 못 가는 나는 어린이집 교사입니다. 아이들의 작은 상처 하나에 가슴이 철렁하는 나는 어린이집 교사입니다. 컨디션이 매우 안 좋아도, 혹시 슬픈 일이 있어도 언제나 상냥하게 웃어야 하는 나는 어린이집 교사입니다.

아이들의 똑같은 질문이 열 번 넘게 반복되어 화가 차올라도 이내 진정하고 대답해줄 수 있는 나는 어린이집 교사입니다. 아이들이 떨어뜨린 밥풀 자국이 정말 힘겹게 느껴지는 나는 어린이집 교사입니다. 소풍 갔다 돌아오는 차 안, 아이들이 피곤해 모두 잠들어 있을 때도 쉬지 않고 돌아다니며 가방 검사를 해야 하는 나는 어린이집 교사입니다.

약했던 비위가 점점 강해져 아이들의 뒤처리와 오바이트까지 아무렇지 않게 처리할 수 있는 나는 어린이집 교사입니다. 아이를 혼내다가도 빠짝 긴장하는 표정이 귀여워 이내 웃어버리는 나는 어린이집 교사입니다. 점심시간에 밥을 초스피드로 먹어야 하는 나는 어린이집 교사입니다. 소풍날 아이들이 가져온 과자를 종류별로 먹을 수 있는 나는 어린이집 교사입니다. 문구점이나 화방에 있는 재료들의 명칭을 거의 다 알 수 있는 나는 어린이집 교사입니다.

출근길 원이 보이면 '화내지 말자'라고 다짐하는 나는 어린이집 교사입니다. 모든 상황을 쉬운 단어들로 골라 설명할 수 있는 나는 어린이집 교사입니다. 박물관 같은 견학지에서 구경은 뒷전이고 하루 종일 인원수 체크하기에 바쁜 나는 어린이집 교사입니다. 집에선 못 잡는 벌레를 원에서는 용감하게 잡을 수 있는, 초인적인 능력이 생기는 나는 어린이집 교사입니다.

마음 놓고 아플 수도 없는 나는 어린이집 교사입니다. 원에 들어갈 때는 예쁜 모습으로, 하지만 나올 때는 완전 폐인이 되어버리는, 아이들과 함께 있을 때 거울 한번 제대로 못 보는 나는 어린이집 교사입니다. 하루 종일 천사들과 함께하고 그 천사들의 우상이며 그 천사들의 스승인 나는 어린이집 교사입니다. 언젠가 그 천사들이 내 가르침을 받고 자라 우리나라에서 큰 존재가 되길 바라는 나는 어린이집 교사입니다."

어떻습니까? 무조건적인 비판을 일삼기 전에 상대방의 입장에서 한 번쯤은 고충을 헤아려본다면 더 넓은 마음으로 어린이집 선생님을 이해하실 수 있을 것입니다. 바른 교육의 첫걸음은 교사와 자신에 대한 신뢰가 아닐까요?

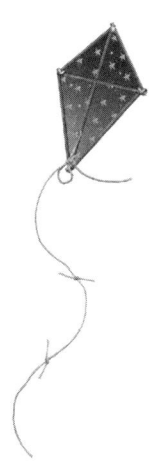

기
적
의

부
모
수
업

Chapter 2

덜 해주고도
더 잘 키우는
리더형 부모가 되어라

여덟 번째
편지

최초이자 최고의 선생님, 부모

아이들은 축복일 수도, 아닐 수도 있다.
그러나 아이들을 낳아놓고 망치는 것은 분명 개탄할 일이다.
-로이스 맥마스터 부욜

'아이들은 보는 대로 배운다. 부모의 삶은 아이에게 본보기 그 자체다.'

그렇다면 부모가 아이들에게 줄 수 있는 최고의 선물, 그리고 최고의 유산은 무엇일까요? 누구나 한 번쯤 생각해보았을 것입니다. 자식이 자랄 때는 '공부를 잘했으면 좋겠다'는 바람을 당연히 갖게 됩니다. "공부요? 그것보다는 그냥 무탈하게 잘 컸으면 좋겠어요."라고 말하는 부모들도 막상 아이가 공부를 못한다거나 남과 현저하게 비교되는 수준을 보일 때는 왠지 모르게 그 사실을 감추고 싶을 것입니다. "너는 왜 남들보다 공부를 못하니?"라는 말도 하게 될 것입니다.

그럼에도 부모는 자식을 인정해주어야 하며 어떤 상황에서든 자식에게 최선을 다해야 합니다. 특별한 이유는 없습니다. 바로 부모이기 때문입니다.

'자식은 부모를 통해서 모든 것을 배우기에 부모의 모습은 곧 미래의 자식의 모습이다'라는 생각을 가져야 합니다. 가끔씩 〈SOS 긴급 출동〉이란 프로그램을 보면서 이 세상에는 참 몹쓸 부모들이 너무 많다는 것을 알게 되었습니다. 부모 자격증이 필요하다고 느낄 때는 바로 이런 프로가 방영될 때입니다.

때로는 이런 프로를 보면서 '아이의 정신이 더 병들지 않을까?' 하고 우려될 때도 있습니다. 정말 가뭄에 콩 나듯 특수한 경우일 텐데 이런 프로는 마치 많은 사람들이 이렇게 살고 있는 것 같은 착각이 들게 합니다. 이런 사람들한테 "자식에게 무엇을 물려줄 것인가요?"라고 질문한다면 아마도 돌아오는 대답은 이런 것이 아닐까 생각됩니다.

"귀신 씨나락 까먹는 소리 하지 말아라."

100명의 선생님보다 더 좋은 스승의 역할을 하기 위해서는 어떻게 해야 할까요? 아이들에게 도덕적 가치를 가르쳐주는 것이야말로 그 어떤 선물보다 귀한 것이며 최고의 유산이라고 했습니다. 즉 '홀륭한 인격'으로 표현되어지는 것을 물려주기 위해서는 부모는 도덕적인 가치를 기준으로 세상 속에서 살아가는 방법을 아이들에게 가르쳐주고 보여주어야 한다는 것입니다.

그렇게 할 때 우리 아이들은 '부모'를 통해서 세상을 배우고 세상을 알아가고 다음 세상을 만들어나가는 것입니다. 도덕적 가치가 무너질수록 아이들은 더욱 방황하고 불행한 인생을 살 수밖에 없을 것입니다.

언젠가 한 중학교에서 어떤 부모가 했다는 말이 생각납니다. 학생으로서 도저히 감당할 수 없는 지경까지 갔을 때 부모를 학교에 오라고 했더니 부모가 하는 말이 "학교에서 교육 안 시키고 뭐 했느냐? 학교에서 가르쳐야지, 그럼 집에서 가르치란 말이냐?"라고 해서 학교에서 아연실색한 적이 있었다는 것입니다. 부모도 아이 때문에 피해망상에 걸린 것 같았지만, 그렇게 말하는 부모를 보니 '아이가 사고를 치고도 남겠구나'라는 생각이 들었습니다.

학교에서 책임지지 못할 것 같으면 그 자식이 어떤 행동을 해도 상관하지 말라고 도리어 큰소리치며 "학교에서 뭘 가르치냐?"라는 반응을 보였다는 그 부모를 상상하면서 주변이 걱정되었습니다. 결국 그런 아이들이 사회에 나와서 주변을 어지럽히고 공공의 적이 될 것입니다.

내 자식 한 명이 잘못되는 것이 아니라 그 자식이 공공의 적이 되어 선의의 피해자들이 늘어나는 것을 생각한다면, '가정에서 부모가 자식에게 가르쳐야 할 최소한의 도덕적인 기준은 가르쳐야 하지 않을까?'라는 생각을 그런 부모들은 왜 못 갖는지 참으로 답답했습니다.

누구에게나 다 삶의 방식은 있습니다. 하지만 존엄, 우정, 신앙, 베풂, 헌신 등 중요한 인성을 가르치는 것은 역시 부모의 역할입니다. 솔선수범과 원칙을 따를 때 그런 삶의 방식을 가르쳐줄 수 있다는 말은 우리 모두가 새겨야 할 말입니다. 한 책에 실린 글 중 꼭 함께하고 싶은 것이 있어서 그 내용을 소개합니다.

"독일에서 살 때의 일이다. 자기 아들이 이웃들에게 욕하고 소리 지르는 것을 내버려두는 어떤 아주머니가 있었다. 어느 날 우리 어머니가 보는 앞에서 그 아이가 가사도우미에게 소리를 질렀다.

"멍청하고 못생긴 것 같으니!"
"아이가 저렇게 말하게 내버려두면 안 됩니다."

그 모습에 우리 어머니가 그 아이 어머니에게 말씀하셨다.

"뭐 어때요, 기껏 가정부인데요, 뭘."

"저분은 성인입니다. 인격을 가진 사람이에요."

"커서 철이 들면 그러지 않겠지요."

"아니요, 그렇지 않습니다. 머지않아 아이는 엄마에게도 그렇게 말할 겁니다."

그러자 옆집 아주머니는 어머니 말씀에 기분이 나빠졌는지 휑하니 가버렸다. 그로부터 일주일이 채 안 되어 어머니와 나는 기지에 있는 매점에 갔는데 그때 그 아주머니와 아들이 들어왔다. 아이가 뭔가를 사고 싶다고 떼쓰는 것을 아주머니가 안 된다고 말리고 있었다.

"엄만 못됐어! 못생긴 바보야!"

아이가 소리쳤다. 아주머니는 화를 내며 아이를 붙잡고 볼기를 세게 때리기 시작했다. 어머니가 아주머니에게 다가가서 거침없이 말씀하셨다.

"왜 아이만 이렇게 몰아세우십니까? 당신은 아이가 가사도우미에게 그렇게 말하는 걸 내버려두셨습니다. 가정부는 다 큰 성인이었는데 말입니다. 아이가 다른 사람에게 막되게 굴도록 내버려두면서 엄마를 존중할 거라고 생각해서는 안 됩니다. 그렇게는 안 되는 법입니다."

말을 마치신 어머니가 내 손을 잡았고 우리는 매점을 나왔다. 그 뒷이야기는 모르겠다. 하지만 그 뒤로 그 아이가 누군가에게 욕했다는 소리는 듣지 못했다."

만약 그 아이가 가사도우미에게 욕했을 때 아이에게 "그러면 안 된다."라고 단호히 야단을 쳤더라면 자신이 욕한 것이 잘못한 일인 줄 알았기에 그러한 행동을 반복하지 않았을 것입니다. 똑같은 성인인데도 가사도우미니까 욕을 해도 되고 엄마한테는 욕을 해서는 안 된다는 원칙이 통하지 않았기에 아이는 엄마에게 함부로 욕하고 대들었던 것입니다.

내 자식을 누군가가 야단치는 것을 싫어하는 부모가 점점 늘어나고 있는 현실이, 어찌 보면 지금 이런 아이의 모습을 만들어내는 것입니다. 그런 줄도 모르고 우리는 공공연히 자식의 허물을 감싸기에 급급한 일들을 참 많이 하고 있습니다.
언젠가 아들이 대들 때가 있었습니다. 아들이 대드는 모습을 지켜보면서 마음속으로 기다렸습니다. 자신이 하고 싶은 말을 다 쏟아부었을 때 그중에 내가 들어줄 말이 한 가지는 있겠지! 그렇다면 자식이 부모에게 대드는 것에 대해 '그래, 그래서 그랬구나'라고 생각하며 조금은 위안을 받을 수 있겠지. 그런 마음으로 기다렸습니다.

아이는 저의 긴 침묵이 무서웠는지 한참 소리를 지르고 나더니 잠잠해졌습니다. "이제 끝났니?"라고 했을 때 더 이상 할 말이 없어진 아들은 눈물만 삼켰습니다. 충분히 이해하고도 남는 말이었지만 어찌 되었든 부모에게 대드는 행위는 용납할 수 없는 것이었습니다. 당시 "엄마 마음이 가라앉을 때까지 너와 말하지 않을게."라고 말하고 그 자리를 떴습니다.

심기가 불편했지만 부모는 자식에게 인기를 얻고자 하는 존재가 아니기에 자식이 원하는 모든 것을 해줄 수는 없었습니다. 스스로가 잘못을 뉘우치고 시인할 때까지 자식에게 마음을 열지 않았습니다. 자식이 다 큰 성인이었기에 가능했습니다.

시간이 흐른 뒤 "잘못했습니다."라고 말하고 용서를 비는 아들에게 "어떤 상황일지라도 부모에게 대드는 행위는 용납하지 않겠다!"라는 약속을 하고 마음을 열었습니다.

어떤 부모는 "나는 자식과 친구처럼 지내."라는 말을 자랑스럽게 합니다. 하지만 부모는 부모여야 합니다. '친구 같은 관계' 속에서 부모가 가르치고자 하는 모든 것을 줄 수는 없습니다. 어렸을 때도 다른 사람들은 다 괜찮다고 하는데 엄마는 왜 그러느냐고 말대꾸를 했을 때 "다른 사람들은 너와 한집에 살지 않고 가족이 아니기에 너에게 굳이 싫은 말을 할 필요가 없지만, 넌 엄마의 아들이고 가족이기에 네가 잘못되는 것을 볼 수 없어서 삼키기 힘든 쓴 약을 많이 주는 거야."라고 했습니다. 다음은 또 하나의 이야기입니다.

"어머니에게 자식과 관련된 가장 소중한 기억 중의 하나는 맏이인 프래드 형이 대학에서 첫 학기를 마치고 집으로 돌아왔을 때였다.

"엄마, 엄마가 저를 가르치고 길러주신 방식에 대해 진심으로 감사드려요."

형은 이렇게 말하며 어머니를 껴안았다.

"대학에 가서 많은 친구들을 봤어요. 어떤 아이들은 수업의 반을 빠지고 방탕한 파티에 다녀요. 도대체 왜 그럴까 싶었지요."

어머니와 잠시 이야기를 나누더니 형이 덧붙였다.

"제 생각에 집에서 제대로 된 훈육을 받지 못해서 그렇게 방탕하게 지내는 것 같아요."

마이클은 교회에서 들었다며 이런 이야기를 들려주었다. 어떤 여자분이 교회에 와서 '까다로운 엄마'에 대한 이야기를 시작했다.

"여러분 중에 '까다로운 엄마' 밑에서 자란 사람이 얼마나 있을까요? 친구들 모두 뭔가를 하고 어딘가를 가는데 유독 여러분만 못하게 하는 엄마 말입니다."

마이클은 속으로 웃으면서 생각했다.
'완전히 우리 어머니 얘기로군.'

"설거지 같은 일을 시켰던 엄마는 또 얼마나 많을까요? 일을 제대로 못하면 다시 하라면서 야단도 쳤겠지요?"

마이클의 생각에도 자신의 어머니 얘기처럼 느껴졌다. 여자분은 몇 분 동안 구체적인 예를 들어가며 '까다로운 엄마'에 대한 이야기를 한 뒤에 물었다.

"그런 엄마를 가진 사람은 손들어보세요."

많은 아이들이 손을 들었다.

"그럼 여러분 중에 지금 성공한 사람은?"

처음에 손을 들었던 아이들의 대부분이 다시 손을 들었다.

"그게 바로 여러분이 성공할 수 있었던 이유랍니다. 까다로운 엄마를 만난 것 말이지요. 그런 엄마가 여러분에게 자제력을 가르치고, 공부를 잘하고 일을 잘하는 법을 가르쳤기 때문입니다. 그래서 오늘날 여러분이 성공한 것이지요."

강연이 끝나자마자 마이클은 어머니에게 전화를 걸어 말했다.

"까다로운 엄마가 되어주셔서 정말 감사하다는 말을 드리려고 전화했어요."

'까다로운 엄마'란 엄격한 엄마가 되라는 말이었습니다. 그래서 '인기 있는 부모가 되는 것이 부모의 역할이 아니다'라는 말이 나온 것이었습니다. 부모가 가르쳐주지 않으면 아이는 자신이 하고 있는 행동이 옳은지 그른지를 판단하지 못하기에, 부모가 까다롭게 할수록 아이는 성인이 되었을 때 자신의 역할을 제대로 할 수 있다는 뜻이기도 합니다.

처음에 잔소리라고 표현했던 것들 중에는 까다로운 부모로서 분명히 해야 할 말들이 들어 있습니다. 우리는 쉽게 잘 포기합니다. 일정 시간이 지나면 아이가 말을 듣는 것 같지도 않고 해보아야 잔소리 같고 그러니까 "저러다 크면 나아지겠지."라고 말하면서 스스로를 위로합니다. 하지만 부모는 끝까지 자식에게 부모여야 합니다.

자식이 "왜 꼭 그래야 하는 거냐?"라고 했을 때 "너는 내 자식이니까. 너는 해리스의 아들이니까."라며 해리스는 자신의 자식이 되려면 자신의 가르침을 따라야 한다는 식으로 9남매를 키웠습니다.

어찌 보면 너무 심하다고 할 수도 있지만 결코 심하지 않습니다. 집에서 새는 바가지가 밖에서도 샌다는 말은 결코 그냥 나온 말이 아닙니다. 도덕적인 가치를 가르치는 것, 그것은 가정에서부터 비롯됩니다. 어른을 공경하는 것 역시 부모가 가르쳐야 할 몫입니다. 어른에게 무례한 행동을 하는 자식의 모습을 그대로 방치한다면, 그 부모는 자식에게 고스란히 그렇게 당해도 누구를 탓하고 원망할 수 없습니다. 어렸을 때부터 가르쳐야 할 것을 가르칠 때 자식을 보다 훌륭히 키울 수 있다는 사실을 9남매를 키워낸 해리스를 통해서 확인했습니다.

더도 덜도 말고 부모가 자식의 허물을 감싸주려고만 하고 잘못된 행동을 묵인하고 그대로 둘 때 귀하고 예쁘게 키운 자식이 공공의 적이 될 수 있음을 생각한다면, '귀한 자식 매 한 대 더 때리고 미운 자식 떡 하나 더 준다'는 속담을 실천하게 될 것입니다. 까다로운 부모가 되자는 말은 부모의 권위를 세우자는 말과도 같습니다.

예전에 운전면허를 따고 도로 연수를 받고 있는 아들과 다툰 적이 있었습니다. 운전면허를 따자마자 운전을 하고 싶어 하는 아들과 도로 연수를 모두 마친 뒤에 엄마와 아빠를 탑승시켜 시운전한 뒤 이제는 해도 된다!는 아빠의 승낙이 떨어지면 그때 하라는 저와의 신경전이었습니다.

군대까지 다녀온 자신을 믿지 못한다는 아들과 "군대만 갔다 오면 다냐? 군대를 갔다 와도 원칙은 지켜야 한다. 엄마와 약속한 것을 지키는 것, 그것이 순리대로 행하는 거다. 준비를 철저히 해서 안전하게 가자고 하는 게 뭐가 잘못된 거냐?"라는 엄마와의 대립이었지요.

워낙 강경하게 나가는 엄마의 태도에 아들은 더 이상 대들지 않고 이제는 연속 문자로 엄마를 설득하려 했지만 저 역시 그 문자에 '부모의 마음을 몰라주는 아들'이란 말로 답하며 '너는 하고만 싶어 했지 부모가 왜 반대하는지에 대해 한 번쯤 생각해보았느냐'라고 일격을 가했더니 아들에게서 '이제 그만! 알았습니다. 더 이상 제발! 약속을 지키겠습니다'라는 문자가 왔습니다.

다른 부모들은 안 그러는데 우리 부모는 왜 그러느냐는 소리를 듣곤 약속과 원칙을 어기며 부모가 자식의 요구를 들어준다면 부모가 왜 있는 것인지 아들에게 생각해보라고 했지만, 이는 다른 부모들도 한번 생각해볼 문제입니다. 다 큰 성인일지라도 자식은 자식입니다. 어떤 상황에서도 부모는 최선을 다해야 한다는 말은 자식이 태어났을 때부터 죽을 때까지 부모로서 해야 할 일을 망각하지 않아야 한다는 뜻과 같습니다.

가끔은 친구 같은 부모가 되어줄 필요도 있지만, 그것은 어쩌다 한 번일 뿐입니다. 늘 "우리 부모는 친구 같아. 그래서 편해."라는 말을 자식에게 듣고 싶다면 그것처럼 쉬운 부모 역할은 없습니다. 자식과 싸울 필요도 없고 해달라는 것 해주고, 괴로울 때 슬플 때 위로해주면 되고 야단칠 필요도 없는 것입니다. 속상해하지 않아도 되고 자식이 집을 나가면 '들어오겠지!'라고 생각하며 기다리면 됩니다.

과연 그런 부모를 아이들이 좋아할까요? 자식이 먼 훗날 "엄마는 그때 왜 나를 말리지 않으셨어요?"라고 묻는다면 그때 가서 엄마로서 어떻게 답할 것인지 한번 생각해볼 일입니다.

"나는 너에게 친구 같은 부모가 되어주면 좋겠다고 생각했단다."

이렇게 말한다면 아이가 좋아할지, 어떨지 판단은 부모가 하는 것입니다. '아이의 모든 인생은 가정에서 시작된다'는 말을 깊이 새기며 자식을 키운다면 아이들은 보다 훌륭히 자랄 것입니다.

가족 모두가 행복해야
진정한 행복이다

아이들은 교육을 받아야 하지만,
또한 그들 자신이 스스로 깨우칠 수 있도록 해주어야 한다.
-디므넷

'가족 모두가 행복해야 진정한 행복이다.'

예전에 보았던 드라마 〈엄마가 뿔났다〉를 통해 이 말을 또 한 번 확인해봅니다. 그래, 바로 저것 때문이라도 누구 하나만을 위한 행복이 되어서는 안 되는 거야. 이런 생각을 했습니다. 가정주부로 30년 동안 가족을 위해 살아온 이 여자! 일탈이란 반란을 일으켰습니다.

'30년 동안 못 가진 나만의 시간을 달라. 나는 가족을 위해 희생했기에 충분이 이런 말을 할 자격이 있다. 지금까지의 나의 삶 속에

나는 없었으며 가족들만 있었다. 나를 찾고 싶다.'

그 여자의 일탈의 변은 대충 그런 의미를 포함하고 있었습니다. 일탈에 성공한 그 여자! 잠도 실컷 자고 책도 실컷 읽고 첫사랑의 추억도 상기하며 나름대로 행복한 시간을 보내는 것 같았습니다. 하지만 여자의 일탈 선언 후, 가족들은 휘청거리는 오후를 보내는 사람들처럼 겉돌기도 하고, 하루하루의 삶이 위태롭고 불안하기만 합니다. 아니, 안정되어 보이지 않습니다.

큰딸은 엄마에게 따집니다. 꼭 이렇게 해야만 했느냐고. 이럴 바에는 차라리 한꺼번에 이렇게 많은 휴가를 갖겠다고 생각하지 말고 해마다 며칠씩 엄마만의 시간을 가지면 되지, 그때는 뭐 하고 지금에 와서 이렇게 여러 사람들을 힘들게 하느냐고 말입니다.

여자의 적은 여자이듯, 엄마는 딸을 노려보며 말합니다. 엄마는 그렇게 말하는 딸이 서운하기만 합니다.

"그래, 너 말 잘했다. 내가 만약 그때 그런 생각을 할 줄 아는 사람이었다면, 지금 이런 행동을 하지는 않았을 거다. 하지만 나는 그때는 당연히 그렇게 해야 하는 줄 알고 사는 사람이었다."

다른 자식들로부터 똑같은 질문이 터져 나오자 그 여자는 화를 냅니다. '말하지 않았느냐고, 그때는 엄마로서 가족을 위해 그렇게 사는 것이 당연한 것이고 다인 줄 알았다고. 하지만 지금 생각해 보니, 그때 그런 생각을 하지 못한 것이 후회가 된다'고 말입니다. 이 여자는 그동안 살아왔던 삶을 '희생'이라고 생각했으며, 가족들은 엄마의 희생을 바탕으로 '우리 가족은 참 행복해'라는 마음으로 살았던 것입니다.

'가족 모두가 행복해야 진정한 행복이다'라는 생각을 갖게 된 것은 바로 행복이란 단어가, 특히 가족과의 관계에서 행복할 권리를 누릴 수 있는 사람이 결코 '누구'가 되어서는 안 되며 가족 구성원 모두가 되어야 한다는 것 때문이었습니다. 부모는 자식이 행복하면 부모 역시 행복하다고 생각하면서 살아갑니다. 그래서 자식들은 부모의 희생을 당연한 것으로 받아들이고, 부모의 깊은 속마음을 이해하거나 헤아리려고 하지 않습니다.

가정에서 여자의 위치에 대해 생각해봅니다. 아내와 엄마라는 미명 아래 희생과 헌신을 당연히 생각하며, 때론 강요당하기도 합니다. 가정에서 남자의 위치는 또 어떤가요? 자신의 일이 가족을 위해 당연히 해야 할 일이며 야근과 새벽 출근 역시 그렇다고 생각하기에 희생이라고 생각해본 적은 없습니다. 모두 가족의 행복을 위해 열심히 살아가는 사람들입니다.

자식들은 이런 부모가 있기에 행복을 누리며 살아갑니다. 자식의 일이라면 그 어떤 어려움도 헤쳐 나갈 수 있는 부모가 있기에 행복합니다. 부모는 나는 조금 못 먹어도, 나는 조금 덜 즐거워도 자식이 잘 먹고 자식이 즐거워하면 그것으로 만족합니다. 그래서 자식들은 행복합니다.

그렇게 산 지 30년이 지난 뒤, 일탈을 선언하는 여자가 나왔습니다. 이 여자도 자식을 키우면서 지금의 엄마, 아빠들처럼 일희일비하며 살았을 것입니다. 그것이 행복이라고 생각했고, 자신의 희생과 헌신은 가족을 위해 당연히 해야 할 일이라고 생각했습니다.

그런데 '왜 일탈을 했을까?'에 대한 답을 구하니, 바로 자신이 한 행동은 가족을 위한 것이었을 뿐, 자신은 행복하지 않았기 때문일 것입니다. 지나간 시간들에 대한 복잡 미묘한 감정을 가족에게 드러내기 싫어 '허가받은 딴 집 살림'을 요청하게 된 것입니다.

이제 왜 제가 이런 이야기를 했는지 말씀을 드리고자 합니다. '그동안 교육기관을 운영하면서 가장 잘한 일이 무엇일까?'를 물어보고 저 자신에게 칭찬 포인트를 준다면 '가족'을 주제로 많은 행사를 했다는 것입니다.

가정의 주인은 '가족 모두'이며 가급적이면 가족 구성원 모두가 행복하다고 느껴야 진정한 행복이라고 생각했습니다. 그래서 우리가 기획한 행사는 가족 모두가 참여하는 행사가 많았습니다. 그런 행사를 통해 초창기에는 낯설어하던 모습들이 서서히 사라졌으며, 이제는 '가족'이란 이름으로 모일 때 정말 행복한 가정의 모습을 보입니다. 그런 모습을 통해서 누군가의 희생을 강요하지 않아도 이렇게 다 같이 참여한다면 모두가 행복한 시간을 마련할 수 있다는 것을 느낄 수 있었습니다.

우리는 매일같이 '오늘'이란 선물을 받으면서 살아가고 있습니다. 그런데 모두가 똑같은 선물을 받음에도 선물의 가치를 논할 때 어떤 사람은 그 선물의 가치를 높게 평가하고 어떤 사람은 그것이 선물인지조차 모릅니다.

아이들의 존재로 인해 우리는 많은 기쁨과 행복을 느끼며 살아가고 있습니다. 아이들은 소중한 존재입니다. 하지만 분명히 알아야 할 것 하나, 그것은 바로 아이 역시 '가족 구성원' 중 한 명이란 사실입니다.

가족이 모두 행복해야 진정한 행복이라고 하는 이유는 바로, 누구 혼자만을 위해서 사는 것이 아닌, 행복을 이끌어가는 주인공 역할을 하는 사람들, 엄마와 아빠 그리고 한집에 사는 모든 사람들이 자신들의 존재가 있음으로써 모두가 행복하다는 것을 느껴야 진정한 행복이기 때문입니다.

제가 운영하는 기관은 '가족의 행복'을 위해 많은 노력을 기울여 왔습니다. 모든 행사를 할 때마다 가장 기본적으로 생각했던 것은, 희생의 기쁨과 행복을 느끼는 것이 아닌, 존재의 가치로 인해 행복을 느끼는 가족이 되게 하자는 것이었습니다.

부모는 당연히 자식을 위해 희생해야 하고, 자식은 그 희생을 당연한 것으로 받아들이기보다는 자식의 가치, 부모의 가치, 조부모님의 가치를 서로 귀하게 여기며 '가족'의 구성원으로서 행복을 느끼는 그런 자리가 되도록 모두에게 의미를 부여하는 그런 행사를 기획해 왔던 것입니다.

해마다 가족 축제를 합니다. 가족 축제에 참가했던 많은 가족들은 소중한 추억의 시간을 잊지 않고 기억하고 있습니다. 모두 말합니다. 가족이 함께해서 행복하다는 것을 그때 너무 많이 느꼈노라고, 그리고 온 가족과 하루를 이렇게 좋은 곳에서 보낸다는 데 무척 행복감을 느꼈노라고 말입니다.

하나하나에 의미를 부여하기에 힘든 줄 모르고 이벤트를 개최합니다. 아이들을 사랑한다 하면서도 바쁘다는 이유로 시간을 낼 수 없었던 아빠들도 계셨습니다. 아빠가 아이와 함께해주었으면 하는 바람을 갖고 있으면서도 선뜻 바쁜 아빠에게 말하지 못하는 엄마도 있었습니다. 그런 엄마를 바라보는 아빠 또한 매우 미안한 마음이 들었을 것이고요.

아이 역시 말하진 않았지만 엄마, 아빠와 함께 가족 나들이를 하고 싶었습니다. 그리고 많은 친구들 앞에서 자랑도 하고 싶었겠지요. 조부모님들 역시 사랑하는 손자, 손녀와 함께 당신의 자식을 내세워 가족 나들이를 한다는 것이 얼마나 기쁘고 행복한 일인지 아시면서도 차마 입 밖에 내지 못하셨을 것입니다.

세상은 '나'가 아닌 '우리'로 존재할 때 더 살맛 날 수 있음을 가족 축제를 통해서 보여드리고 싶었습니다. 또, 자연이 우리에게 주는 혜택을 마음껏 만끽하다 보면 '당신은 사랑받기 위해 태어난 사람'이란 말을 실감할 수 있을 것입니다. 아이들의 구연동화 대사 중에 이런 말이 있습니다.

"세상은 너를 위해서 있는 거란다……."

여기서 '너'는 '우리' 모두를 지칭합니다. 우리 모두 '너'가 되어봅시다. 세상이 나를 위해 있다는 것을 믿고, 지금 이 순간 가족의 구성원으로 살아가는 것이 얼마나 행복한 일인지 느껴보셨으면 좋겠습니다.

사랑은 소유하는 것이 아니라
지켜주는 것

아이에게는 비평보다는 몸소 실천해 보이는 모범이 필요하다.
-J. 주베르

"엄마, 여자 친구랑 어디에 간 적이 있었는데, 어떤 노부부가 함께 있는 것을 보았어요. 그런데 참 좋아 보이더라고요. 손잡고 다정하게 걷는 모습도 좋아보였고요. 예전에는 유심히 보지 않았던 것이 지금은 눈에 보이는 것을 보니, 저도 장가갈 때가 되었나 봐요."

결혼 전 아들이 했던 말입니다. 제법 진지하게 말하는 아들을 보면서 요점이 무엇이냐고 물어보았습니다. 장가를 빨리 가고 싶다는 건지, 아니면 노부부의 모습을 얘기하려고 한 것인지 물었습니다. 아들은 당연히 노부부의 모습이었다고 말했습니다. 그래서 액면 그대로 믿어주기로 했습니다. 그러면서 언젠가 제가 보았던 노부부의 모습도 얘기해주었지요. 그리고 '어떤 모습이 좋아 보이는지 지금 깨닫고 있다면, 어떻게 살아야 하는지도 잘 알고 있겠구나!'라는 생각이 들면서 능청맞게 얘기하는 아들에게 한마디 해주었습니다.

"지금보다 더 중요한 것이 바로 '나이 들어서의 삶'이라고 생각하기에 엄마도 열심히 사는 거야. 네가 그런 모습이 좋아 보인다니 이제 조금은 철이 드나 보다."

말 속에 뼈가 있는 말들을 주고받으면서 기분이 좋았습니다. '사랑은 소유하는 것이 아니라 지켜주는 것'이라고 했는데, 자식을 사랑하는 마음에서 '소유'를 빼고 나면 허전할 것 같았는데, 지켜주어야겠다고 생각하니 오히려 더 많은 것을 얻을 수 있었습니다.

숲 속에서 사는 거미는 무척이나 외로웠습니다. 너무나 외로워 매일같이 외로움을 하소연했습니다. 그러던 어느 날 거미줄에 걸려 있는 '이슬'을 발견했습니다. 거미는 이슬을 발견한 순간 너무 기뻤습니다.

"넌 누구니?"
"난 이슬이야."
"그래? 와 반갑다. 우리 친구 하자."

"그래? 그런데 한 가지 조건이 있어. 너는 나를 바라만 봐야 해. 나를 소유하려고 하면 나는 너의 친구가 될 수 없어. 나를 만지려고 하지 말고 그냥 바라만 봐줄 수 있다면 친구가 되어줄 수 있어."

"그래, 약속할게."

그렇게 약속을 한 거미와 이슬은 친구가 되었습니다. 외로웠던 거미는 이슬과 친구가 된 것이 너무 기분 좋아 매일매일 즐거운 날들을 보냈습니다.

수년이 지났습니다. 거미는 이슬과 더욱 친해지고 싶은 마음에 이슬에게 "이슬아, 난 너와 더 가까워지고 싶어. 너를 만지면 안 될까?"라고 말했습니다.

처음에 소유하지 않겠다고 약속했지만 거미는 이슬을 소유하고 싶은 마음이 생겨 이슬에게 그런 부탁을 했던 것입니다. 이슬은 망설임 끝에 이렇게 대답했습니다.

"그래? 꼭 갖고 싶다면 만져도 돼. 하지만 만지고 나면 나는 사라지게 될 거야."

거미는 그 말이 무엇을 뜻하는지 몰랐습니다. 단지 자신이 이슬을 그만큼 사랑하고 있다는 것을 이슬이 알고 허락해주었다고만 생각했습니다. 그러면서 거미는 이슬을 만졌습니다.

그 순간, 이슬은 소리 없이 사라졌습니다. 거미는 그제야 이슬을 소유해서는 안 되고, 지켜주고 바라만 보아야 한다는 것을 알게 되었습니다.

단순한 동화지만 많은 것을 깨닫게 해주는 이야기입니다. '사랑은 소유하는 것이 아니라 지켜주는 것'이란 말로 매듭짓게 되는 이 이야기는 자식도 남편도 아내도 소유가 아닌, 지켜주는 관계를 맺게 될 때 더욱 오랫동안 행복한 관계를 유지할 수 있다는 점을 알려줍니다.

우리의 삶을 돌아봅니다. 가족이란 관계 속에서 가장 힘든 부분을 차지하고 있는 사람들이 바로 자식이며 남편과 아내란 존재입니다. 서로 꼭 필요한 존재이고 있음으로 인해 행복하고 감사함을 느끼면서도 때로는 그 존재로 인해 불평이 나오고 불행하다고 생각할 때도 있고 힘들다고 생각할 때도 있습니다.

'왜 그럴까?' 생각해보니, '지켜주는 것'을 잊어버렸던 것 같습니다. 소유하려고 했기에 너무나 강하게 자신들의 모습을 드러내었던 것입니다. 만약 지켜주려고 했다면 양보하고 감싸주고 배려하고 이해하고 어쩌면 더 소중히 생각할 수도 있었을 것입니다. 소유하는 것은 욕심이지만 지켜주는 것은 배려입니다. 소유하는 것은 이기적이지만 지켜주는 것은 이타적입니다.

소유하려고 할 때는 계산적인 생각도 들지만 지켜주려고 할 때는 무조건적인 생각이 듭니다.

그래서 소유하려고 하는 사람들은 더욱 피곤하게 살 수밖에 없으며, 자신의 욕심이 채워지기 전에는 어떤 것에도 만족할 수 없고 불평과 불만이 더욱 많아지게 되는 것입니다. 거미와 이슬의 이야기를 통해서 저 역시 반성의 시간을 가졌습니다.

가끔씩 남편에 대해 불만을 가졌던 적이 왜 없었을까요? 자식에 대해서는 끝없이 욕심도 생겼었습니다. '왜 내 마음 같지 않을까?' 이런 생각도 들었었지요. 그리고 남편을 소유하려다 보니, 집안 식구들 역시 소유의 개념으로 바라보게 되어 내 뜻대로, 내 맘대로 안 될 때는 짜증이 나기도 했고 '꼭 이렇게 해야 할까?'라는 생각이 들기도 하면서 괜히 미워질 때도 있었습니다. 하지만 모든 것에서 벗어나 뒤로 한발 물러나보았습니다.

'그래, 사랑은 소유하는 것이 아니라 지켜주는 것이라 했지? 지켜주는 데는 조건이 필요 없는 거야. 내 것으로 소유하려고 할 때는 바라는 게 많아서 그것이 채워지지 않으면 모든 것이 마음에 들지 않을 때도 있었지만, 지켜주려고 하는 마음을 갖게 되면 주는 것이기에 바라는 것 또한 없게 되지 않을까?

그래, 거미와 이슬의 관계가 되지 않으려면, 내가 사랑하고 싶고, 내가 소중히 여기고 싶고, 세상에 없어서는 안 된다고 생각하는 사람들과는 '소유'가 아닌 '지켜주는 관계'가 되어야 하는 거야. 뇌의 주인은 나니까 뇌한테 명령을 내리면서 끝없이 주문을 걸어야겠다.'

그 후 자식도 예뻐 보이고 남편도 다시 보입니다. 그리고 물의 순환의 법칙을 따르라 했던 말이 기억에 남으면서, 순환이란 소유의 개념이 아닌, 물이 가는 길을 막지 말고 그대로 지켜보라는 것이었음을 깨닫게 됩니다. 매일같이 뚜껑을 열어보는 '오늘'이란 하루를 어떻게 보내고 계십니까? 어제도 오늘도 내일도 매일 똑같은 선물을 받고 계시지는 않는지요? 만약 그렇다면, 생각을 통해 선물의 종류를 바꾸어보시기 바랍니다.

위의 관계처럼, 생각을 바꾸면 모든 것이 바뀝니다. 명절을 앞두고 우리의 생각이 고정되어 있다면, 이 또한 바꾸어야 할 일입니다. 가족을 사랑하는 존재, 평생 함께 가야 할 존재라고 생각한다면, 모든 사람들과의 관계를 어떻게 만들어가야 할 것인지 생각을 가다듬을 수 있을 것입니다.

아들이 군대에서 있었던 일화를 말해주었을 때, 제 아들이지만 "참 잘했다. 기특하구나."라고 칭찬해주었습니다. 병장 말년이면 남들은 편하게 지내지만, 아들은 제대하기 이틀 전까지 흔히 말하는 '노가다'를 했었다고 합니다. 남들은 그것 때문에 불평을 하는데 자신이 생각할 때 어차피 자신들이 해야 할 일이었으며 피한다고 해서 될 일이 아니었다는 것입니다. 누군가가 나서서 반드시 해야 할 일이라는 걸 알고 있었는데, 그 누군가가 바로 병장 말년 그룹이었다는 것이었지요.

모두가 불만이 가득한 상태에서 "지금 우리가 이런 것까지 해야 하느냐?"고 말들을 할 때, 아들이 "어차피 해야 할 일, 피하지 말고 즐겁게 하자. 불평한다고 해서 이 일이 다른 부대원들에게 갈 일이 아니라면, 이왕 하는 것 즐겁게 하는 게 우리를 위해서도 좋지 않느냐? 즐겁게 하자."라는 말로 분위기를 추슬렀는데 자신이 보아도 그런 생각을 하고 있는 자신이 참 신통했다고 합니다. '참 잘했어요!' 도장을 찍어 주고 싶었습니다.

세상 사는 법을 스스로 터득해나가는 것도 기특했고, 불만이 아닌 '피할 수 없으면 즐겨라'라는 긍정적인 생각을 군대라는 사회에 적용한 아들이 대견스러웠습니다.

육아를 담당하는 여성들의 삶은 사실 고단합니다. 그래서 때로는 자유로운 싱글라이프를 부러워할 때도 있습니다. 하지만 이왕 가족들과 함께하는 삶이라면 지금을 철저히 즐겨야 하지 않을까요? 이런 마음을 가져보는 것은 어떨까요?

'가족이 없는 사람들은 얼마나 외로울까? 남편과 아내가 있으니, 자식이 있으니 이렇게 많은 사람들이 내 주변에 있는 거겠지? 내가 지켜주어야 할 가족의 일이니까 즐겁게 해야지?'

또 하나가 바로 '가족과의 관계'를 '소유'가 아닌 '지켜주는 관계'로 바꾸어보는 것입니다. 내가 누군가를 지켜준다는 것, 생각만 해도 기분 좋은 일입니다. 자신이 더욱 필요한 존재라고 느끼게 되는 순간입니다. '내 거야, 내가 꼭 가져야지!'가 아니라 '내가 지켜주어야지. 내가 아니면 누가 지켜주겠어' 이렇게 생각을 전환하게 되면 주변의 것들이 더욱 소중하게 보이고 가치 있게 느껴지게 될 것입니다.

남편으로 인해 자식과 아내가 행복하다면 자식과 아내 역시 남편을 행복하게 해주어야겠지요. 아내로 인해 자식과 남편이 행복하다면 자식과 남편 역시 아내를 행복하게 해주어야 합니다. 소유가 아닌 지켜주는 관계로 사고를 전환할 때 모두에게 더없이 귀하고 행복한 순간이 올 것이라 믿습니다.

언제나 부부의
행복부터 키워가기

어린이를 정직한 아이로 키우는 것이 바로 교육의 시작이다.
-존 러스킨

'추억'이란 단어는 참 괜찮습니다. 추억이란 단어가 없다면, 아니 추억이 없다면 세상은 참 밋밋하고 살맛도 안 날 것 같습니다. 그래서 현재도 중요하지만 과거라는 단어도 비중을 많이 차지하나 봅니다. 추억은 과거를 뜻하기에, 우리는 가급적이면 좋은 추억을 많이 만들기 위해 노력하는 삶을 살아야 합니다. 그래야 우리의 과거를 들추어볼 때 슬며시 미소 지을 수 있지 않을까요?

아픈 추억이라 하면 아픈 과거와도 같기에 사람들은 가끔씩 아픈 추억은 잊으려 합니다. 그렇게 생각해보니 추억이란 단어 하나만을 놓고 볼 때는 참으로 가슴 저미는 단어이고, 꼭 필요한 단어이지만 그 앞에 어떤 단어를 놓느냐에 따라 "나는 추억이란 단어가 싫어."라고 말할 수도 있을 것 같습니다.

하지만 그 아픔 속에서 우리가 성장했고, 아픔이 있었기에 지금의 모습이 존재한다고 생각한다면 '추억'이란 단어는 삶 속에서 빼놓을 수 없는 말입니다. 저는 아이들에게, 저를 아는 많은 사람들에게, 또한 학부모님들에게 가끔씩 '추억 만들기'를 하라는 말을 많이 합니다.

물론 의도적으로 추억 만들기를 할 때는 반드시 그 앞에 붙는 수식어가 '좋은, 행복한, 사랑스러운, 즐거운' 등의 긍정적인 단어여야 합니다. 그래야 추억 만들기는 성공할 수 있습니다.

의도적인 추억 만들기는 그렇게 해야 합니다. 그래야 혹시라도 과거의 아픈 추억을 잊을 수 있기에, 또는 아픈 추억을 상쇄시킬 수 있기 때문입니다.

가끔씩 어렸을 때를 떠올리면 생각하고 싶지 않은 추억도 있습니다. 그냥 기억 속에서 사라져주었으면 하는 것도 있습니다. 하지만 좋은 추억을 더 만들어나가면서 그 추억이 존재하는 이유를 알게 됩니다. '그때는 그랬는데, 지금은?' 하면서 행복의 가치를 느끼게 되는 것입니다. 그때보다 지금 더 좋은 추억을 많이 만들어나간다면 그때의 기억도 소중하게 간직할 수 있게 되는 것입니다.

오늘 아침 한참 동안 잊고 있었던 사진을 보았습니다. '어! 이게 어디에 있었지?' 결혼 20주년을 기념해서 찍은 사진을 신혼 앨범처럼 꾸민 그런 것이었습니다. 그런데 단 한 번도 그 사진을 떠올려본 적이 없었기에 그 앨범이 어디에 있는지 찾지도 않았었습니다.

'아, 무심한 사람이었구나. 이렇게 귀한 앨범을, 나름대로 부부의 역사가 담겨 있는 이 사진을, 아니 달랑 셋밖에 없는 가족이 모처럼 폼 잡고 알콩달콩 찍었던 이 사진들을 한 번이라도 기억해내었으면 좋았으련만……'이란 생각이 들었습니다. 그런 적이 없었다는 현실을 생각해내며 그렇게 바빴다는 사실에 대해 "그래, 열심히 살았다는 증거지. 과거를 회상할 시간이 어디 있었겠어. 하지만 그렇게 귀한 앨범이 어디 처박혀 있었는지 모른다는 것은 좀 너무한 것 아니야?"라는 말로 자책도 했습니다.

추억은 과거입니다. 그런데 그 과거가 있었기에 현재도 존재하고 미래도 있는 것입니다. 얼마 전 아버님의 산소에 다녀왔습니다. 그런데 아버님 산소 옆에 있는 묘소가 너무나 안타까운 모습을 하고 있었습니다. 관리를 전혀 하지 않은 그 산소를 보면서 그 묘소가 7년 전에 미망인과 아들 하나를 남겨 두고 병으로 세상을 떠난 친구의 묘소라고 죽은 사람의 친구가 우리에게 얘기해주었던 기억이 납니다. 그다음 해까지 미망인의 모습을 보았는데 언제부터인가 그 묘소는 주인 없는 묘소가 되어 몇 년째 초라한 모습으로 남아 있었던 것입니다.

그 미망인은 지금쯤 과거 속에 파묻힌 남편과의 추억을 떠올리며 현재와 미래를 살아가고 있는지도 모릅니다. 어느 날 문득 '이 미망인이 과거 속의 남편이 문득 보고 싶을 때, 추억을 회상하며 이 묘소를 찾아온다면, 그동안 버려지다시피 했던 이 묘소를 보면서 얼마나 많은 눈물을 흘릴까?' 생각하니 괜히 제 눈시울이 뜨거워졌습니다.

한 번도 보지 못했던 사람은 흙 속에 누워 있고 슬퍼했던 미망인의 모습은 제 기억 속에 있었기에 '추억'이란 단어와 '과거'라는 단어를 연결시켜보니 슬픈 추억은, 슬픈 기억은 가급적이면 만들지 말았으면 좋겠다는 생각도 듭니다. '그러나 사람이 사는 세상에서 어찌 좋은 일만 있을 수 있겠는가?'라고 생각하면, 그 미망인이 과거의 늪 속에서 빨리 탈피한 것이 어찌 보면 산 사람으로서 해야할 일들을 하기 위해 어쩔 수 없는 일이었다고 받아들일 수도 있습니다.

이중성! 사람들은 이중성을 갖고 있습니다. 슬플 때는 기쁜 것을 원하고 너무 기쁘면 슬픈 생각을 하면서 기쁜 순간이 달아날까 봐 두렵고…… 간사한 것이 사람 마음이라지만 때로는 자기 편할 대로 해석하면서 사는 게 더 좋을 때가 있습니다.

'추억 만들기'를 의도적으로 해보자고 은근히 여러 사람들에게 전하면서 한편으로는 추억 만들기에 가장 좋은 짝꿍이 누구인가 생각했더니 가족, 또는 부부였습니다. 부부는 가급적이면 좋은 추억을 많이 만들어야 살면서 더욱 애틋할 수 있습니다. 결혼 20주년이 넘은 고수(?)가 말하는 것이니만큼 절대 예사로 듣지 말기를 바랍니다.

살다 보면 우리는 정말 숱하게 많은 일들을 겪게 됩니다. 부부라는 위치가 참 아이러니한 것은 사이가 좋을 때는 천하의 어떤 것을 다 주어도 내 것(?)이 제일 좋다고 생각하다가도 부부싸움을 한 번 하고 나면 웬수(?)도 그런 웬수(?)가 없다고 막말을 하는 관계이기 때문입니다. 가슴에 비수를 꽂는 말을 사정없이 해댈 때는 언제고 그것을 '부부싸움은 칼로 물 베기'라는 문장 하나로 정의를 내리니, 이 얼마나 아이러니한 관계입니까?

하지만 이런 관계를 평생 유지하면서 살아갈 때 우리는 추억 만들기의 주인공이 될 수 있으며, 시간이 점차 흐르다 보면 젊었을 때의 고생스런 추억보다는 나이가 지긋해진 다음의 여유로운 추억을 가슴에 간직하며 한평생 반려자로서 옆에 있어준 것에 대해 고마움을 느낄 수 있을 것입니다. 어느 날 식당 문을 열고 들어오시는 노부부의 모습을 보면서 남편에게 "우리 미래의 모습이야."라고 속삭였습니다.

부부가 평생 함께한다는 것 하나만으로도 얼마나 감사한 일인지를 느끼면서 살아갈 때 우리는 '좋은 추억 만들기'의 주인공이 될 수 있습니다. 그런 의미에서 희로애락을 같이할 사람과의 관계를 잘 유지해나가는 방법을 소개합니다.

추억 만들기를 의도적으로라도 하기 위해서는 적어도 앞으로는 부부 간에 이런 일은 삼가자고, 그래서 행복한 추억 만들기를 하면서 살아가자고 대화를 많이 하자는 것입니다. 나를 가장 많이 아는 사람이 옆에 있다는 것이 얼마나 큰 행복인지를 깨닫는 삶, 그런 삶이 우리 모두에게 필요합니다.

결혼을 한 사람이라면 누구나 다 불공평함을 느끼게 되는 '시댁과 친정'이란 단어 사이의 괴리감. 그것을 극복하기까지 많은 시간이 걸린다는 것을 알게 되기까지는, 그 고통의 시간들 속에서 남편에 대해, 아내에 대해 너무나 서운하고 섭섭한 순간순간들에 부닥치며 서로의 가슴에 상처가 되는 말을 서슴지 않는, 예사롭지 않은 부부싸움도 하게 됩니다.

희생을 강요하는 남편과 "왜 나만 희생해야 하느냐?"는 아내의 항변에 "그러면 나는 어떻게 하란 말이냐!"라고 남편이 소리 한번 지르고 나면, '결혼'에 대한 회의는 물론 내 남편이 이럴 줄 몰랐다는 서운함으로 인해 감정의 골은 점점 깊어지고, 끝내 그것이 '성격차이'로 발전해 파국에 이르는 가정도 심심치 않게 보게 됩니다.

'사랑'이란 단어가 없었다면 결혼도 하지 않았을 부부가, 연애시절에 헤어짐이 아쉬워 빨리 결혼했으면 좋겠다고 결혼 날짜를 손꼽았던 부부가 결혼하고 나면 사랑의 밀어들은 어디론가 숨겨둔 채,

'상대방 가슴에 상처가 될 말인지 알면서도 툭툭 내뱉는 이유가 무엇일까?' 생각해보니, 서로에 대한 배려와 관심이 부족했거나, 아니면 똑같은 마음으로 그것을 요구했기에 벌어진 일인 것 같습니다.

살다 보면 상대가 마음에 들지 않을 때가 참 많습니다. 성격 차이로 인해 겪는 갈등도 심심치 않습니다. 저 역시 이를 극복하기까지 많은 시간이 걸렸습니다.

화가 나면 바가지도 긁고, 부부싸움도 한다고 하지만 '똥이 무서워서 피하나? 더러워서 피하지'라는 마음으로 싸움보다는 '침묵'으로 일관하다 보니 '부부싸움' 자체가 성립이 되지 않았습니다.

또, 연애시절에 이야기했던, "나는 화가 났을 때 한 시간 정도만 가만히 내버려두면 스스로 화가 풀리니까 내가 화를 낼 때는 그냥 가만히 있어주길 바라. 여자들이 박박 대드는 것은 정말 싫더라."라는 말을 실천(?)하면서 살다 보니 '부부싸움'을 자연스럽게 피하게 되었습니다. 인내심이 한계에 도달해 부부싸움이 일어날 경우에는 고통스러운 침묵의 시간을 보내면서 온갖 회한에 휩싸이게 됩니다.

그러면서 '부부' 간의 신뢰와 믿음에 대해 다시 한 번 생각하게 되고, 지금까지 살아온 것에 손해 본 느낌이 들면서 걷잡을 수 없는 상상의 늪에 빠지게 되기도 합니다. 이 책을 읽으며 많은 공감을 느꼈다면, 모든 부부에게 일어나는 공통적인 현상들을 너무나 자연스럽게 풀어헤치고, 서로에 대한 배려와 관심과 감사와 존중이 가장 필요한 인간관계가 바로 '부부관계'임을 확인시켜주었기 때문일 것입니다.

먼저 베풀지 않고 받기만 좋아하는 사람이 주변 사람 중에 있다면, 가끔씩 그 사람을 볼 때마다 '이기적인 사람' 또는 '받을 줄만 알았지 줄 줄은 모르는 사람'이라고 생각하면서 그 사람을 진심으로 대하게 되지 않을 것입니다. 하물며 부부 간에 '받을 줄만 알았지 베풀지 못하는 아내' 또는 '받을 줄만 알았지 줄 줄 모르는 남편'이라는 생각을 똑같이 갖고 있다면, 결국 불협화음이 일어나 그 가정에는 '빨간 신호등'이 켜지게 될 것입니다.

'상대방의 입장에 서보지 않고는 사람을 판단하지 말라'라는 말이 있습니다. 가장 좋은 부부관계는 '배우자의 입장에서 생각하기'란 말이었는데 가슴에 와 닿았습니다. 우리는 서로에게 이해받기를 원하지만 강요당하는 것은 싫어합니다. 자신의 입장을 생각해 마음을 헤아려준다고 느낄 때 배우자로부터 이해받고 있고, 존중받고 있다고 받아들이게 됩니다. 이럴 때 배우자에 대해 더욱 친밀감이 생기고 신뢰가 쌓이게 되는 것이지요.

가정이 편안해야 모든 것이 편안하다는 '가화만사성'이란 글을 흔치 않게 보게 됩니다. 그럼에도 막상 '어떻게?'라는 질문을 던지게 되면, 남편은 아내가 아내는 남편이 잘하면 아무 문제가 없다는 식으로 답하게 됩니다.

이것에 대한 답은 배우자의 어떤 말이나 행동에 대해서 나의 방식대로 생각하거나 판단해 즉각적으로 반응하기보다는 마음의 여유를 가지고 먼저 자신에게 "저 사람이 왜 이렇게 했을까? 이렇게 한 데는 분명히 이유가 있을 거야."라고 물으면서 배우자의 입장을 생각하라는 것이었습니다.

이러한 '부부 리더십' 강의에서 얻을 수 있는 결론은 우리의 마음은 때로는 바다처럼 넓어서 웬만한 일들은 이해하고 수용하나, 때로는 바늘 하나 비집고 들어갈 틈도 없어 아주 작은 일에도 마음이 상한다는 것입니다. 이처럼 같은 일이라도 상황에 따라 우리의 마음은 다를 수 있으므로 배우자와 관련된 일은 내 기준에서 생각하거나 판단하지 말고, 먼저 배우자의 입장을 생각한다면 기대 이상의 만족을 얻을 것이라는 것입니다. 저 또한 절대 공감합니다.

또 하나의 결론은 '있는 그대로 인정하기'입니다. 배우자를 일생의 반려자로 스스로 선택했다면 이제 행복과 불행도 오직 나의 선택에 달려 있는 것입니다. 결혼할 때 준비해 온 돋보기로 찾아낸 배우자의 단점을 변화시키려고 끊임없이 싸워가며 불행의 길로 들어설 것인가? 아니면 단점을 찾아내는 돋보기를 아예 던져버리고 배우자의 있는 그대로를 모두 인정하며 행복의 길로 나아갈 것인가? 오로지 선택만 남아 있을 뿐입니다.

배우자를 변화시키겠다는 생각을 끊임없이 하는 남편과 아내일수록 서로 비난이나 비판을 하게 되고, 나아가 이는 싸움으로 이어져 불행의 늪으로 빠져 들어가게 됩니다. 이를 막는 방법은 상대방을 변화시키겠다는 생각을 버리고 있는 그대로를 인정하며, 나의 기준으로 판단해 말하는 것을 삼가는 것입니다.

이렇게 생각하고 행동하는 순간부터 부부 사이에는 행복이 싹트게 된다는 것을 '절대 공감'합니다. 가정의 행복은 부부가 함께 만들어나가는 것이지 어느 한쪽의 책임이 아닙니다. 서로가 책임을 지고 공유하고 배려하며 감사하는 관계를 맺을 때 우리 아이들은 행복한 가정의 울타리 속에서 자신의 꿈을 마음껏 펼쳐 나갈 것입니다. 사랑의 정원에 늘 아름답고 향기로운 꽃이 만발하도록 행복의 씨앗에 물을 주고 정성스럽게 가꾸는 부부가 되시기를 진심으로 바랍니다.

부부의 행복이
사랑 많은 아이를 만든다

한 사람의 아버지가 백 사람의 선생보다 낫다.
-조지 허버트

"나는 백수입니다. 하지만 나도 한때는 잘나갔었지요. 외국 유학도 다녀오고 멋지게 사업도 했습니다. 그러나 쫄딱 망했어요. 그래서 택한 직업이 '전업주부'입니다. 까짓것, 여자만 집안살림 하라는 법 있나요? 남자인 나도 할 수 있지요. 마누라는 대학교 교수입니다. 나보다 잘나가는 마누라 외조하고 살림을 잘하는 것이 가장 행복하지요. 그리고 아침 청소까지 다 하고 나면 도서관으로 출근합니다. 그래도 백수보다는 '사법고시 공부'한다고 하는 게 더 낫지 않겠어요?

그런데 요즘 딸아이가 나를 멀리하네요. 어느 날 딸아이 학교에서 전화가 왔어요. 아이 엄마가 자기 대신 학교에 가보라고 연락을 했어요. 아이가 친구를 개 패듯이 팼다네요. 우리 딸이 그럴 리가 없는데…….

학교에 갔습니다. 딸아이는 너무나 당당하게 선생님 옆에 서 있었어요. 왜 그랬느냐고 물어봤더니 우리 아빠를 백수라고 놀려서 화가 나서 한 방 날렸대요. 선생님 앞에서 아이를 어떻게 할 수도 없고……. 머리를 조아리고 있다가 아이를 데리고 나왔습니다.

친구를 만났습니다. 술을 먹으면서 신세한탄을 했지요. 친구는 남자만 꼭 돈 벌라는 법 있느냐며, 자신이 돈 버는 기계인 줄 아는 마누라가 지겹다고 합니다. 그러면서 나를 위로하네요. 그것이 무슨 위로가 되겠습니까?

옆자리에서는 여자 둘이 술을 마십니다. 전업주부와 직장인인가 봅니다. 전업주부인 여자는 여자들이 얼마나 집에서 하는 일이 많은데 남자들은 여자들이 매일같이 할 일 없이 놀면서 남자들이 버는 돈으로 한심하게 사는 것같이 얘기한다고 남자들을 욕하고, 직장인은 여자가 되어서 잘나면 얼마나 잘났냐고 직장에 다니는 나에게 손가락질하고 여자가 잘나가면 남편이 되는 일이 없다는 둥, 팔자가 세다는 둥 하는 사람들을 보면, 모두 한 방에 확…… 이런 말들을 주고받네요. 친구의 한탄, 여자들의 한탄을 들으며 집으로 돌아왔습니다. 언젠가부터 위가 아픕니다. 왜 이렇게 아플까? 술을 너무 많이 마셨나?"

끝나지 않은 이야기로 스토리는 마무리됩니다. 이는 예전에 보았던 〈여보, 고마워〉라는 연극의 내용입니다. 10년 이상 된 부부 사이에서 하는 말 중 가장 어렵고 힘든 말이 바로 '여보, 고마워'라는 말이라고 합니다. 결혼한 지 25년이 지나면서 남들한테는 스스럼없이 하는 말들이 부부 간에는 너무나 어색하다고 느끼면서 의도적인 행사를 한번 해보자고 작정했습니다. 그래서 선택한 것이 연극이었고, 어떻게 해서 '여보, 고마워'라는 제목이 탄생되었는지 궁금하기도 해서 이 연극을 보았던 것입니다.

공연이 다 끝난 뒤 돌아보니 여자들은 눈이 퉁퉁 부어 있고, 여린 마음의 남자들은 여자들의 손을 꼭 붙잡고 나오고, 옆에 앉은 신혼부부는 보는 내내 훌쩍거리고 있었습니다. 같이 간, 살 만큼 산 남자들은 중간 중간 수면을 취했다고 자랑스럽게(?) 얘기하고, 여자들은 아직도 연극의 여운이 가시지 않은 채 감성적인 마음을 되돌려놓은 연극이라고, 주위의 부부들에게 한번 꼭 가서 보라고 권해야겠다고 말했습니다. 연극의 내용을 한마디로 정리하면 결국 '살아 있어서 고마워'였습니다.

남편이라는 존재만으로도 충분하다는 것을 있을 때는 모르다가 아픔을 겪고 나서야 소중하게 여기는 가족의 모습을 우리네 삶의 모습으로 표현했기에 연극은 모두를 감동시켰습니다.

가족은 무척이나 소중합니다. 있어야 할 자리에 있어야 할 사람이 어느 날 갑자기 없어질 때 그로 인해 나타나는 현상은 많습니다.

불안, 우울증, 스트레스, 심리적인 방황, 정신적인 공황, 허둥지둥, 부정적인 시각, 자식에 대한 애정 결핍, 부적절한 사회적인 관계 등 다양한 모습들을 보이게 될 것입니다. 그럼에도 우리는 가까운 사이에서 더 많이 상처를 받기도 하고 상처를 주기도 합니다. 만약 이 연극처럼 우리네 삶의 모습이 이런 결말을 맺게 된다면, 남편한테 아내한테 했던 모든 행동과 말들이 얼마나 허황되고, 허망하고, 잘못된 말들이었는지 알게 될 것입니다.

은근히 염려되고 걱정되는 사회적인 현상 중 하나가 예전에 비해 서로의 성격 차이를 드러내는 부부가 많아졌다는 것입니다. 손바닥도 마주쳐야 소리가 나는 것이기에 싸울 상황이 되면 안 싸울 수가 없지만, 가끔은 한쪽이 참으면 될 상황에서, 또는 적절한 시기에 미안한 마음을 표현하지 못해, 그것이 누적되어 일어나는 마음의 갈등으로 인한 '가정의 불화'가 점점 많아지고 있는 것입니다. 이러한 현실 속에서 유아교육을 하는 사람으로서 아이들의 미래를 걱정하지 않을 수 없습니다.

아이들은 부모가 함께할 때 가장 소중한 자신만의 빛깔을 낼 수 있습니다. 아무리 급변하는 사회라 할지라도, 부모와 자녀 사이에 오가는 공감대와 부모의 자리는 누구도 대신해줄 수 없는 것입니다. 부모 이외에는 단지 순간을 채워줄 뿐이며, 한 사람의 빈자리가 생겼을 때 그 자리를 채워줄 사람은 두 사람 몫을 해내려 극심한 노력을 해야 하는 것입니다.

아이들의 발달 상황과 성격적인 부분의 연계성을 알고 있는 저로서는, 배운 게 죄인지라 너무나 답답하고 안타까운 상황에 맞닥뜨린 유아기 아이의 부모들을 보면, 아무리 상황이 힘들더라도 아이의 유아기 동안만은 이겨내달라고 울면서 애원하고 싶은 마음이 굴뚝같습니다.

혹시라도 주변에서 유아기의 자녀가 있는 부모가 이런 마음고생을 하고 있다면, 애당초 그 마음을 접고, 아이들의 마음을 읽으라는 말을 해주시기 바랍니다.

오지랖이 넓은 50대 여인이 있는데 부모의 갈등 관계는 유아들의 정서에 심각한 영향을 끼친다는 말을 해주었다는 핑계를 대면서 말입니다.

우리 아이들이 살아야 할 사회가 보다 안정감 있게 되려면, 지금 유아기인 아이들을 둔 부모가 정서적으로 안정감 있는 모습을 보여주어야 하며 그런 환경을 만들어주어야 합니다. 아이가 뭔가를 생각할 수 있고, 자기 스스로를 이겨낼 수 있을 때 부모의 생각을 주입해도 늦지 않건만, 아이들의 생각을 너무나 소중하게 여기지 않는 부모들의 모습을 보면서 어떻게 하면 이들의 생각을 바꾸어놓을 수 있을까? 라는 고민을 한 가지 더 하게 되었습니다.

어른의 감정보다는 아이들의 감정을 더 소중히 여겼던 어르신들의 지혜는 지금 이 순간, 우리 시대를 살아가는 젊은 부부들이 배워야 할 덕목입니다.

"다시 세상에 태어나도 지금의 남편과 결혼하겠느냐? 아내와 결혼하겠느냐?"

이런 질문에 대부분의 연예인들은 너무나 당연하게 "아니오."라고 대답하곤 합니다. 이런 대답을 들으며 그들이 많은 사람들을 대신해서 그렇게 말하는 것이라고 생각했습니다. 하지만 자식을 낳은 부부는 자식에 대한 책임을 함께 져야 합니다. 그것이 바로 인간의 존엄성을 지키는 가장 기본적인 행위이며, 가족의 따뜻한 품 안에서 자란 아이들이 이다음에 또 다른 사람들에게 자신이 받은 사랑을 베풀게 되는 것입니다.

어떤 상황이더라도 우리 아이가 아직 유아기라면 부모의 감정보다는 아이의 감정을 더욱 소중하게 여기는 부모의 모습을 보일 때 우리 아이들은 정서적으로 안정감 있는 아이로 자랄 것입니다.

'마음에 들지 않으면 헤어지면 된다'라는 무사안일한 생각을 갖고 있는 젊은 부부들을 보면서 안타까운 마음에, 혹시라도 하는 노파심에 제 마음을 전해봅니다. 마음으로 위로받고 싶고 정말 속상해서 울고 싶고 세상이 너무나 원망스러운 일을 혹시라도 겪는다면, 아이들의 원장이기도 하지만, 우리 아이들을 온전히 지켜줄 부모라는 큰 명분을 갖고 기꺼이 상담자가 되어드리겠다는 말씀도 아울러 덧붙입니다.

"여보, 살아줘서 너무 고마워."

이 말이 지금 현재 우리 부부들에게 꼭 필요한 말이고 해야 할 말입니다. 긍정적인 사고로 모든 것을 받아들이는 지혜로운 부모님들이 되어주시기를 다시금 부탁드립니다.

부부 스타쇼 〈자기야〉를 처음 보았을 때 '이제는 별별 프로그램이 다 나오는구나. 어떻게 부부끼리 저렇게 막말을 하지? 저러다 내일 'ㅇㅇㅇ 연예인 이혼' 이렇게 기사가 나오는 것 아니야?' 이런 생각이 들었습니다. 여자와 남자가 만나 한 가정을 이룬다는 것이 정말 보통 일이 아님을, 내 속의 이야기를 다 털어놓지 않아서 그렇지 무궁무진한 사연들이 있음을 그들을 통해서 또 알게 되었습니다.

"우리 남편은 내 말을 너무 안 들어요. 고집이 너무 세요. 자신이 한번 옳다고 생각한 일은 끝까지 고집을 부려서 힘들 때가 있어요."

ㅇㅇㅇ 탤런트 아내가 하소연합니다. 아내가 무슨 일 때문에 이런 불만을 갖는 것 같느냐고 묻는 사회자의 질문에 카리스마 있는 표정으로 점잖게 앉아 있던 잘생긴 그 남자(?)는 이렇게 말합니다.

"나는 우리 집에 있는 여자가 아내이기를 바라는 거지, 노조 위원장을 원하는 것이 아닙니다. 직원들이 가끔씩 아내에게 나에 대한 불만을 얘기하고 고쳐주었으면 할 때, 아내가 그 말을 내게 할 때가 있는데 나는 그때마다 화가 나요. 아내는 무조건 내 편을 들어주어야 하는 것 아닌가요? 내가 아내를 원했지, 언제 회사 직원들을 편들어주는 노조 위원장을 원했나요? 그런 말을 안 들어주어서 그것이 불만이라고 그랬나 봅니다."

결과야 어찌 되었든, 그 말 한마디에 여자들은 의견이 분분했지만, 남자들은 이구동성으로 "맞아, 나와 함께 사는 사람은 무조건 내 편이 되어야 하는데, 가끔씩 아내들이 훈계를 하고 타박을 할 때 화가 난단 말이야."라고 스스럼없이 말합니다.

남자는 단순해서 하나밖에 모르기에 복잡한 사고를 싫어하고, 남편들은 아내에게 칭찬받을 때 가장 행복하다고 고백하는 것을 보면서 '그랬구나, 그랬었구나'라고 공감해봅니다. 인색하기로 따지면 여자나 남자나 다 똑같습니다. 부부들이 참 말을 많이 아낍니다. 그러다 보니 서로 '무엇을 원한다'라는 말을 잘 안 하게 되지요.

아이가 태어나면서 부부는 거의 아이 중심의 생활을 하게 되고, 그때부터 남자와 여자, 남편과 아내의 삶은 어느 순간 생활 속에 묻혀버리게 됩니다. 〈부부 스타쇼〉에 나온 부부들이 이렇게 폭발하듯 터뜨리는 것은, 신혼부부나 오래된 부부나 똑같은 마음으로 말하는 것은 남편과 아내의 말과 행동이 '남편은 아내에게 아내는 남편에게' 해야 할 말과 행동이 아닌 것이 너무 많고, 그런 남편 때문에, 또는 아내 때문에 서운할 때가 많다는 것이었습니다.

남편들은 아내들을 위해 따뜻한 말 한마디를 해주는 데 너무 인색합니다. 맞벌이를 하는 부부를 보더라도 사실 남자보다는 여자가 조금 더 힘듭니다. 아무리 남편이 도와주어도 여자가 해야 할 일이 있고 남자가 해야 할 일이 있습니다.

밖에서 일하고 들어온 아내는 집에 오면 솜처럼 풀어지고 싶고 늘어지고 싶은데, 남편과 아이들을 위해서 어느 틈에 주부로 변신해야 합니다. 그래서 가끔은 '우울증' 비슷한 것에 걸리기도 하고, '너무 힘들다'라는 소리를 자신도 모르게 하게 되는 것이지요.

이럴 때 남편의 따뜻한 말 한마디는 정말 천 냥 빚을 갚고도 남을 만한 것인데, 그럴 때 남편들이 하는 말 중에 가장 정 떨어지는 말은 "남들도 다 그렇게 사는데 왜 혼자만 힘들어해?"라는 말입니다.

그런 말을 하는 남편이 예뻐 보일 리가 절대 없습니다. 그런 남편에게 잘해주고 싶은 마음이 드는 아내가 어디 있을까요? 따뜻하게 말 한마디 해준다고 어디가 덧나는 것도 아닐 텐데, 이렇게 밉상스런 말 한마디 때문에 남편들은 대접받을 수 있는 기회를 많이 놓치게 됩니다.

'남편을 위해 무엇을 해줄까?'라는 마음을 갖게 하는 것, 그것이 바로 남편이 아내를 위해 할 일입니다. 그런데 정말 그런 남편들이 몇 안 되더군요. 어떻게든 대접만 받으려고 했지, 대접받는 방법을 익히려고 하지 않는 남편들이 참 안타까웠습니다.

'부부!' 왜 같은 글자일까요? 살면서 서로 닮아가라고 똑같은 글자 둘을 함께 붙여놓은 것이 아닐까요? 남편도 때로 남자로 보일 때가 있어야 하고, 아내도 때로 여자로 보일 때가 있어야 한다고 하지만, 묻지도 따지지도 않는 관계가 될 때 진정 '부부'라는 말이 어울릴 거라고 생각했습니다.

결혼을 하고 아이를 낳고 남자와 여자가 남편과 아빠, 아내와 엄마라는 이름으로 살아가고 있을지라도, 행복을 만들고 가꾸는 것은 결국 서로가 함께 공유하는 데서 비롯됩니다. 결혼을 해서도 '나의 행복'을 찾으려 한다면, 그것은 누군가의 희생이 바탕이 되어야 합니다.

결혼을 했다면 당연히 '우리의 행복'을 위한 조건을 갖추어나가야 합니다. 이것이 '부부'의 의무이고 사명입니다. 그런 가운데서 우리 아이들은 행복을 좇아 날아가는 파랑새처럼, 엄마 아빠의 파랑새가 되어 늘 주변에서 행복한 소리를 들려줍니다.

'나의 행복'도 가끔은 필요합니다. 그것은 삶의 동기부여가 되기도 하고 고정된 삶 속에서 일탈하는 행위가 되기도 할 것이며, 카타르시스를 느끼게 해주는 것이 되기도 할 것입니다.

잠깐 동안의 나의 행복을 가지려면 몇 시간의 휴식, 또는 친구와의 여행, 수다 등 나와 어울리는 행복한 일을 만들어내면 됩니다. 그런데 그것을 만들기 위해 '우리의 행복'을 송두리째 없애도 된다고 생각한다면 그것은 정말 어리석은 일이 될 것입니다.

먼 훗날 아이에게서 우리 엄마 아빠 최고! 라는 소리를 듣기 원하신다면, 남편과 아내는 남자와 여자로 분리되는 것이 아니라, 아이의 엄마 아빠로 합체가 되어 살아가야 합니다. 또, 가정의 행복 역시 '나의 행복'이 아닌 '우리의 행복'을 만들기 위해 부부가 함께 파수꾼의 역할을 할 때 진정 만들어지는 것이며, 이로써 자식들에게 후회 없는 부모 역할을 하게 될 것입니다.

열세 번째 편지

공부보다 배려하고
더불어 사는 삶을 가르쳐라

교육이란 화를 내지 않고, 자신감을 잃지 않으면서도
거의 모든 것에 귀 기울일 수 있게 하는 능력이다.
-로버트 프로스트

지금 다시 생각해도 선발에서 훈련, 실제 비행까지에는 너무나
많은 사람의 노력이 필요했다. 막연히 우주비행을 위해 동분서주
했던 사람들을 무작정 세어보자 마음먹었고, 여기저기 전화까지
해가면서 찾아보니 국내에서만 500명이 훌쩍 넘었다. 카자흐스탄
에서 발사 전, 관련된 러시아분들께 드리기 위해 사인을 했던 사
진이 1천 장 이상이었던 것을 생각하면, 미국과 일본까지 포함해
한국 최초의 우주비행에 없어서는 안 되었던 사람들의 수는 2천
명도 넘을 수 있겠다는 생각이 든다.

대한민국 최초의 우주인의 우주비행은 보이지 않는 곳에서 최선

을 다한 수천 명은 물론, 매일 저녁 TV 앞에서 응원해주셨던 수많은 국민이 있었기에 가능했다. 지금 이 순간에도 이름마저 외로운 고흥 외나로도에서 대한민국 최초로 로켓을 발사하기 위해 땀을 흘리는 분들이 계신다. 우리나라 우주과학 분야에서 우주인보다 훨씬 중요한 분들이지만 사람이 그리 많지 않다는 사실이 안타깝고 죄송하다. 그리고 감사하다.

이는 항공 우주인 이소연 씨가 쓴 '보이지 않는 손의 힘'이란 글의 일부입니다. 글에서 따스한 그녀의 마음을 느꼈습니다. '보이지 않는 손의 힘!' 이 제목과 맞물려 동원그룹의 김재철 회장이 한 말도 정리해봅니다. 이분은 젊은 시절 녹슨 배를 타고 망망대해에 나가 참치를 잡는 일을 했습니다. 그 배에 올랐을 때 '어떻게 이런 배를 타고 나갈까?'라는 생각을 했지만, 그 생각을 뛰어넘었기에 결국 세계 제일의, 참치를 잡는 회사의 회장이 되었습니다.

그는 "모든 엄마들이 자녀에게 바라는 것은 자기 자식이 최고가 되는 것이지만, 그전에 가장 중요한 것은 천재도 범재도 아닌, 바로 '더불어 사는 법'을 가르쳐야 한다."라고 말했습니다. 그는 내 자식만 귀하다고 '무소불위'의 법칙을 내세우며 키우면 그 자식은 사회에서 쓸모가 없다고 딱 잘라 말합니다.

많은 사람들 틈에서 혼자 잘났다고 독불장군처럼 유세하는 사람은 결코 성공할 수 없습니다. 때문에 지금 부모들이 해야 할 일은 소자녀를 키우는 부모의 자세를 갖는 것입니다. 그 자세란 바로 '세상은 혼자 살 수 없다'는 것과 '환경에 적응하도록 만들어주라'는 것입니다.

부족함 없이 키우기보다는 조금은 부족한 가운데 키워야 창의력이 생긴다는 말과 함께, 그는 아이가 부족함이나 어려움을 모르고 크게 되면 환경에 적응할 수 없기 때문에 아이의 인생을 위해서는 물질적인 풍요보다는 정신적인 풍요를 주는 부모가 되어야 한다고 했습니다.

"남과 더불어 사는 법을 가르쳐라!"

항공 우주인 이소연이 한 말도 이와 다르지 않습니다. 만약 이소연이 내가 잘났기에 항공 우주인이 되었다, 라고 했다면, 김연아 선수가 시상대 위에서 눈물을 흘리지 않고 내가 잘나서 당연한 결과가 나온 것이라고 말했다면, 박태환 선수가 수영에서 금메달을 딴 것이 자신의 타고난 재능과 능력 덕분이었다고만 말했다면 아마도 모든 국민들이 이들을 열렬히 환호하는 일은 없었을 것이며, 그렇게 많은 지지를 받을 수도 없었을 것입니다. 이들의 뒤에는 '국민'이라는, 그들과 피를 섞지 않은 남들이 있었으며, 그런 국민이 아무런 조건 없이 그들에게 격려와 칭찬의 박수를 보냈던 것입니다. 단지 대한민국의 아들, 딸이라는 이유만으로 말입니다.

더불어 살기 위해 필요한 것, 그것이 무엇일까 생각해보았을 때, 조금씩 손해 보는 마음을 가져야 진정으로 더불어 사는 것이 무엇인지 알게 될 것 같았습니다.

김재철 회장은 세계에 나가 보니 우리나라 사람처럼 똑똑한 민족은 없다는 것을 알게 되었다고 합니다. 머리도 우수할 뿐 아니라 제2차 세계대전 이후 가장 강한 부(富)를 이룬 나라이며 정치적 자유도 높은 나라라고 평가했습니다.

그럼에도 아이들 앞에서 불평불만을 하는 부모가 많습니다. 부모의 불평불만을 들으며 자란 이 아이들이 나중에 어른이 되면 자신이 못나서 못 하게 되는 일도 결국은 회사타령, 사회타령, 국가타령을 하게 된다는 것입니다.

그는 우리나라의 국민이 이렇게 머리가 좋음에도 다른 나라에 뒤지는 이유, 그것은 바로 입으로만 아는 척하는 형식 논리에 빠진 사람들이 많고 불평불만으로 일관된 사고들을 합리화시키고 있기 때문이라며 "공부는 어려서부터 해야 하고, 인성과 품성을 결정짓는 것은 결국 어머니의 교육이니만큼 어머님의 인성을 함께 키워야 한다."는 뼈 있는 한마디도 했습니다.

'남과 더불어 사는 사람들이 되어야 한다'라고 강조한 데는 그런 사람들이 책임감, 사명감, 희생정신, 봉사정신 등 인성교육이 제대로 되어 있는 사람들이 아니겠느냐는 뜻도 담겨 있습니다. 더불어 산다고 말하는 사람이 자신의 유익만을 구하는 행동을 할 때 그를 따를 사람은 아무도 없을 것입니다. 손해를 보더라도, 때로 이웃으로 인해 피해를 보고 마음에 상처를 입더라도, 더불어 사는 마음을 갖게 되면 양보와 타협과 이해의 마음이 생기게 됩니다.

사람은 마음의 안식을 얻을 때 감정을 조절할 줄 아는 능력이 생기게 되며 시야가 넓어지게 되는 것입니다. 이런 마음을 갖기 위해서는 분명히 이기적인 사람이 되어서는 안 되며 이타적인 사람이 되어야 합니다.

이 세상을 살아감에 있어 '보이지 않는 손의 힘'을 믿지 않는다면, 결국 그 사람은 은둔형 인간으로 살아가게 될 것이고, 사회에서 인정받지 못하는 사람이 되어 아무리 큰 꿈을 갖고 있어도 그 꿈을 이루지 못하는 사람이 될 것입니다.

지식과 덕은 많이 쌓으면 쌓을수록 그것에 대해 두려움과 경이로움을 갖게 되며, 또한 겸손한 마음을 갖지 않을 수 없다고 했습니다. '선무당이 사람 잡는다'는 말을 한 옛사람들의 지혜가 돋보이는 것은, 바로 김재철 회장이 한 말처럼, 너무 잘난 척하며 형식적인 논리만을 내세우는 사람들을 탓하는 말이기도 한 때문입니다.

노벨상을 가장 많이 탄 나라는 이스라엘입니다. 우리나라보다 머리가 뛰어나지 못함에도 노벨상 수상자가 많은 이유는, 바로 어려서부터 책을 많이 읽힐 뿐 아니라, 학교에 가서 질문을 많이 하고 오라고 시키는 교육에 있습니다. 우리나라 부모들이 "많이 배워 와라, 무엇을 배웠니?"라고 물어보는 것에 비해 유대인들의 이 교육법이 '창의력'을 많이 키울 수밖에 없는 이유라는 것을 일깨워줍니다.

우리나라 사람들이 바뀌어야 할 것, 그것은 바로 남과 더불어 사는 법을 실천하는 것이며 불평불만을 입에 달고 살지 않는 것입니다.

맺음말에서 김재철 회장은 성공한 사회인이 되고 보니, 성공한 사람들 대부분은 긍정적인 사고를 가지고 있었으며, 그들은 불평불만에 앞서 '내가 무엇을 할 것인가?'를 먼저 생각하는 사람들이었다고 했습니다.

'나'가 아닌 '우리'를 생각하는 것이 더불어 사는 법을 실천하는 가장 밑거름이 되며, 그것을 위해서 보이지 않는 손에 감사하는 마음을 갖고 살아가야 합니다.

'가정이란 사회를 이끌고 가는 사회의 구성원으로서 과연 우리는 남과 더불어 사는 법을 실천하고 있는가?'에 대해 한 번쯤 생각해보는 시간을 가졌으면 하는 바람을 담으면서 이 이야기를 시작합니다.

TV에 남편들이 구박받는 장면이 간혹 나올 때가 있습니다. 그럴 때마다 남편은 "설마 나한테 저러지는 않겠지?"라는 말을 농담처럼 던지곤 합니다. 미소로 답해주지만, 남의 일만으로는 치부할 수 없는 사회적인 현상들이 곳곳에서 일어나는 것을 볼 때, '이것 역시 간과할 수는 없는 일이구나'라는 생각을 갖게 됩니다.

남자의 인생을 전반부와 후반부로 나눌 때 전반부가 '나 홀로'의 독립된 존재로 살아가는 시기라면, 후반부는 남녀가 만나 '가정'을 만들고 '자녀'가 태어나고 그러면서 '가족'이란 개념을 새롭게 갖고, 그 가족에 대해 책임 있는 역할을 해야 하는 시기입니다. 따라서 전반부의 가족 구성원이 나와 부모와 형제였다면, 후반부의 가족 구성원은 나와 아내와 자녀가 됩니다. 그리할 때 아내와 자녀는 남편을, 아버지를 믿고 지지하며 따르게 되는 것입니다.

이것에 대한 정의를 잘못 내린 남자들 대부분이 사회적인 현상의 주인공이 되어 나이가 들었을 때 여자들에게 구박받는 모습을 심심치 않게 보이게 됩니다. 이런 모습들은 '부부로 산다는 것에 대한 정의를 올바로 내려야 할 필요성이 있구나'라는 것을 느끼게 할 뿐 아니라, 올바른 가족관을 갖고 살아가는 것의 중요성을 생각하게 합니다.

대부분의 황혼 이혼 사유는 '남편 하나 믿고 시집왔는데 말할 수 없이 고생만 시켰다'는 것이었으며, '아내와 자식보다는 자기 부모와 형제가 우선이기에 고생은 죽도록 했지만 남은 것은 없다'는 것이었고, 먹을 것 입을 것 마음대로 챙기지 못하면서도 자식 생각하면서 참았고 그럴 때마다 '자식들 다 키워놓고 보자'는 생각으로 살았다는 것이었습니다.

봉건적인 사고의 틀 속에서 사는 사람들에게는 황혼 이혼을 하며 이런저런 이유를 대는 사람들이 이해가 안 될 수도 있습니다. 저 역시 여필종부를 당연한 것이라고 생각하고 사는 사람인지라, 살 만큼 산 사람들이 이혼을 하는 것을 보면 이해가 안 되는 부분이 한두 가지가 아닙니다.

하지만 그들의 이혼 사유는, 이날을 위해 참고 기다렸노라, 라는 단 한마디였습니다. 문득, 지금부터가 내 인생의 시작이라고 말하는 것을 들으면서 불씨가 꺼진 다음에 그 불을 피우기 위해 애쓰기보다는, 현재 타고 있는 불씨가 있을 때 서로의 지혜를 모아서 활활 타오르는 인생을 사는 것이 현명하지 않을까 하는 생각이 들었습니다.

사실은 '부부 간에도 서로를 배려하는 마음이 꼭 필요하다'는 말을 하고 싶습니다. 여자는 작은 것 하나에 감동을 받기도 하고 상처를 입기도 합니다. 남자가 그까짓 것 하는 것이 여자에게는 감정 조절이 되지 않는 큰일이 될 수도 있습니다. 또, 남자는 아내가 인정해주고 칭찬해줄 때 가장 기분이 좋다고 합니다. 남편을 무시하는 발언을 하는 아내가 가장 싫다고 합니다.

결국 말 한마디에 천 냥 빚을 갚는다고, 아내와 남편은 서로의 말 한마디로 천 냥 빚을 갚을 수 있는 존재들임에도, 그것을 못해 말년에 파탄을 초래하는 일이 벌어지고 있으니 이런 어리석음을 범해서는 안 되겠습니다.

남과 더불어 사는 마음은 이웃과의 관계에서도 중요하지만, 매일같이 실천해야 하는 공간이 바로 '가정'입니다. 가정 안에서 화목함이 유지되지 못한다면 결국 인생의 후반전에는 모두 장담할 수 없는 골을 몰고 가게 되어 자살골을 넣게 될 것입니다.

남편과 아내가 서로를 배려하고 존중하는 마음을 갖고 살아갈 때, 가정에서 출발한 남과 더불어 살아가는 마음은 이웃과 사회를 위해 더욱 빛을 발하게 됩니다. 또, 부모에 대한 마음도 마찬가지입니다. 남편과 아내의 부모 모두 소중합니다. 어느 한쪽 부모만 소중할 수는 없는 것입니다.

우리 아이들에게 '부모를 공경하는 모습'을 보여주는 것은 산교육입니다. 우리 아이들의 조부모를 부부가 함께 한마음으로 공경하고 섬길 때 우리 아이들은 이다음에 누가 시키지 않아도 부모님께 효도하는 아이들이 될 것입니다.

현실 속에서 부닥치는 가족과의 관계 속에 많은 갈등이 있다면, 그것을 지혜롭게 해결하기 위해 가장 필요한 것은 바로 서로를 배려하고 인정하고 더불어 사는 마음이 아닐까요?

지는 것이
이기는 것이라는 지혜

교육은 어머니의 무릎에서 시작되고,
유년기에 들은 모든 언어가 성격을 형성한다.
-바로

"당신 회사는 정말 좋은 회사예요. 말단 직원까지 이렇게 선물을 주는 것을 보면 직원들이 불평불만을 가지면 안 될 것 같아요. 이런 회사에 노조가 있다는 건 정말 말도 안 돼. 직장이 없다면 내가 지금 누리는 행복을 누릴 수 있을까? 이런 생각을 한다면, 뭐든 고마운 마음으로 받아야 해요."

남편이 S그룹에 다닐 때 시마다 때마다 상여금 외에도 선물이 나왔었습니다. 그런데 그 선물은 한 번 주고 끝나는 것이 아니라 해마다 더욱 정성스럽게 가족에게 전달되었습니다.

저는 그때 선물을 받으면서 너무 고마운 마음에 남편에게 이런 말을 했습니다. 정말 그랬습니다. 제가 회사로부터 선물을 받는 마음의 자세는 '당연하지'가 아니라 '고마움' 그 자체였습니다. 저는 이렇게 살았습니다. 무엇이든지 '당연한 것은 없다'라는 마음을 갖고 살았습니다.

세상의 모든 일을 당연하다고 생각하면서 사는 사람과 그렇지 않은 사람은 삶의 결과가 달라집니다. 세상에 변하지 않는 것은 없습니다. 만일 모든 사람이 지금 있는 것들을 당연하다고 생각하고 그대로 받아들인다면 과거와 현재뿐만 아니라 미래의 세상에도 아무런 변화가 없을 것입니다.

지금 우리가 살아가고 있는 일상을 모두 당연하게 받아들이고 아무 생각 없이 살아간다면 우리는 세상의 변화를 뒤따라갈 수밖에 없습니다. 현재를 살아가면서 미래를 바라보는 사람은 무슨 일이든지 당연한 것은 없다는 생각을 하면서 살아가지만, 현재를 살아가면서 과거에 했던 것만을 그대로 답습하려 한다면 그 사람은 미래가 없는 삶을 살아가는 것입니다.

우리는 조직 사회에서 살아가고 있습니다. 가정도 조직입니다. 가정의 최고 경영자인 아빠는 사장님이 될 수 있고, 엄마는 기획전략실 본부장이 될 수 있습니다. 함께 사는 가족들은 각자 맡은 바 역할에 따라 직함을 붙일 수 있겠지요. 가정은 작은 조직이고, 이 조직을 통해 경험을 쌓아 사회라는 공룡 조직에 맞서 싸우게 됩니다. 따라서 가정이란 조직 안에서 잘 배운 사람은, 사회에 나와서도 조직 안에 훌륭하게 정착할 수 있습니다.

그래서 가정에서의 조직생활은 무척이나 소중합니다. 가정에서 조직생활을 잘하기 위해서는 무슨 일이든지 당연한 것은 없다고 가르쳐야 합니다. 밥을 먹는 것 역시도 당연한 것이 아니라, 이 밥을 먹기까지 수고한 많은 사람들이 있었기에 가능한 것임을 가르쳐야 합니다. 그래야 그 밥이 얼마나 고마운 것인지 알게 됩니다.

부모가 자식을 뒷바라지하는 것도 당연히 해야 하는 것이라고 가르치면 안 됩니다. 부모는 너의 꿈이 이루어지도록 하기 위해서 이렇게 희생하는 것이라고 가르쳐주어야 합니다. 그래야 부모님의 존재가 더욱 크게 다가오며 부모님이 얼마나 고마운 존재인가를 알게 됩니다. 진화하기 위해서 해야 할 것은 '세상에 당연한 것은 없다' 라는 생각을 갖게 하는 것입니다.

'명절 증후군'이라는 말이 나온 것은 사실 여자들이 일하는 것을 당연하게 생각했던 남자들의 교만한 마음에서 비롯되었습니다. 이 일을 당연하게 하는 것이 아니라, 가족을 위해 여자들이 참 수고하고 있다, 라는 마음을 남자들이 갖고 있었다면, 아마도 모든 여자들은 보다 행복하게 명절을 맞이했을 것입니다.

그런데 모든 것을 당연하게 받아들였던 그 마음들이, 오래전부터 억눌렸던 마음들이 폭발해 명절 증후군이라는 신종 병을 만들어내었습니다. 그러다 보니 여자들은 이제 명절 증후군을 당연한 것으로 받아들이고, 가족들을 만나러 가기 전부터 스트레스를 받고 두통에 시달리는 증세를 당연하다는 듯이 내세우고 있습니다.

여자가 하는 일은 당연한 것이 아닙니다. 희생과 헌신이 뒤따릅니다. 정신적, 육체적, 물질적으로 많은 어려움이 있지만 그것을 내색하지 않고 하는 것입니다. 가정의 평화를 위해서 말입니다. 그런데 남편들이 너무나 당연하게 생각하면 여자들은 그 일을 기쁨에 차서 할 수가 없습니다. 그래서 병이 생기는 것입니다. 이제라도 여자들에게 '고맙다'라는 표현을 해준다면, 아내의 희생과 헌신이 있기에 가족들이 행복한 만남을 가질 수 있다고 말해준다면, 아내의 두통은 눈 녹듯이 사라질 것입니다.

사실 집안일은 여자들이 그동안 당연히 해 왔습니다. 그래서일까요? 현재를 살아가는 가정주부들이 겪는 명절 증후군은 중년을 넘긴 저 같은 사람에게는 낯선 모습들입니다. 그런데 제가 집안일을 당연히 했던 이유는 고맙다는 남편의 표현이 있었기 때문이었습니다. 남편은 명절 뒤풀이라는 것을 통해 큰일을 해낸 데 대한 감사의 마음을 늘 표현했던 것입니다.

만약 여러분들도 누군가가 나의 희생을 알아준다면 명절 증후군 같은 것은 넘어갈 수 있겠지요? 남편과 대화를 하세요. 내가 하는 일을 당연하게 생각하지 말고 인정해달라고 말입니다.

남자와 여자는 생각이 다릅니다. 서로가 위로받기를 원합니다. 그런데 말을 하지 않고 위로해달라고 합니다. 표현하지 않으면 남자와 여자는 부부가 되어서도 서먹합니다. 서로가 각자의 입장에서 당연하지 않은 것을 해 오고 있음에 대해 서로를 위로해주고 이해해준다면, 지금보다 훨씬 더 행복한 하루하루를 보내게 될 것입니다.

"어떤 남자도 여자들과 싸워서는 결코 이길 수 없다."

이는 이상 문학상 수상작가인 정미경 씨가 그의 소설집 《내 아들의 연인》에 실린 단편 〈너를 사랑해〉에서 한 말입니다. 그만큼 요즘은 여성의 권위가 높아졌고, 특히 나이가 들수록 집안에서 여성들의 파워가 세지고 있기 때문입니다.

하지만 저는 결혼 후 여태껏 쉬지 않고 앞을 향해 달려오면서도, 남자를 이기기 위해서 일한다는 생각을 해본 적이 없었습니다. 여성 우월주의에 사로잡힌 적도 없었으며, 아무리 시대가 바뀌어도 여자가 할 일과 남자가 할 일은 따로 있다고 생각하며 살았습니다. 지금도 그 생각에는 변함이 없습니다. 남편과 아내는 한 가정을 꾸려나가는 데 있어 남편은 아내를, 아내는 남편을 존중하는 것이 '결혼'을 한 남자와 여자의 도리를 지키며 사는 것이라고 생각했습니다.

'지는 것이 이기는 것이다'라는 말이 언뜻 생각납니다. 부부싸움은 이기기 위해서 하는 것이 아닙니다. 살면서 서로를 너무나 잘 알기에 때로는 알아주기를 바라면서 큰 소리를 내기도 하고, 때로는 아이처럼 떼를 쓰고 싶어서 남편이 먼저 싸움을 걸기도 하고, 아내가 먼저 싸움을 걸기도 합니다. 그러면서 새록새록 미운 정 고운 정을 쌓아가는 것이 부부관계입니다. 그래서 '이기고 지고'란 말을 할 수 없는 것이 또한 부부관계입니다.

'가정이 평화로워야 직장에서 남자가 큰소리친다'는 말이 있습니다. 가정에서 남편의 지위를 격하시킨들 무엇이 이로울까 생각해볼 때, 현명한 여자는, 그리고 아내는 밖에서의 남편의 파이팅을 위해서라도 '이기는 아내'보다는 '지는 척하는 아내'가 되어주는 것이 훨씬 보기에 좋을 것입니다.

오바마로 인해 미셸은 영부인이 되었습니다. 오바마도 목표를 갖고 도전하는 삶을 살았지만, 미셸 역시 언제나 자신이 처한 환경에 대해 당당했습니다. 흑인여자로서의 삶이 아닌, 미국인으로서의 삶, 그리고 야망이 있는 여자로서의 삶을 살았던 것입니다.

이렇게 자기 신념이 강하고 도전적인 삶을 살았던 미셸이었지만, 미셸은 열심히 일하면서 가족을 돌보며 자신의 신념을 따랐습니다. 그리고 오바마의 대선 출마를 돕는 대신 오바마에게 금연을 조건으로 내밀면서 흡연자가 되든지 대통령이 되든지 택하라는 단호함을 보였습니다.

또, 미셸은 강한 자신감으로 무장하고 두 딸을 출산하고도 성공한 여성으로서 자신의 일을 계속했습니다. 미셸이 대중의 관심을 끌었던 가장 큰 이유는 삶을 성공적으로 이룬 이야기 때문이었습니다. 보통 수준에도 못 미치는 환경에서 자란 흑인여성으로서 세계 최고의 대학을 나와 일류 회사의 변호사가 되고 대학병원의 부원장이 되어 3억 원에 이르는 연봉을 받고 있는 데다, 그녀가 만난 남자가 대통령이 되겠다고 나섰기에 대중들은 짜릿한 대리만족을 느꼈던 것입니다.

미셸은 미국의 대통령 선거라는 특수한 상황에서 아내인 자신의 말 한마디 한마디가 남편의 행보에 얼마나 큰 작용을 하는지 알았습니다. 지금은 대통령인 오바마가 주인공이라 할 수 있지만, 오바마가 주인공이 되도록 대선 운동에서나 가정적으로나 잘 뒷받침해 준 일등 공신은 바로 미셸이었습니다.

미국 대통령 오바마에게 가능성의 문을 열어준 것은 여인들이었습니다. 오바마의 어머니는 공부를 중요하게 생각했습니다. 오바마를 키우면서도 끝까지 공부해서 인류학 박사학위를 받고, 여러 가지 언어에도 능통했습니다. 빈민을 위한 소액자금 대출에 관한 프로그램 등에 적극적으로 가담하면서 약한 자들을 돕는 것이 당연하다는 사상을 오바마에게 불어넣어주었습니다.

오바마가 그 자리에 이르게 된 배경에는 백인 어머니도 있었지만 백인 외할머니도 있었습니다. 외할머니 역시 인종차별에 대해 열린 마음을 지닌 사람이었습니다. 어머니보다 더 이전 세대여서 흑인에 대한 선입견이 더 클 수 있는데도 딸의 선택에 따라 흑인 사위를 기꺼이 맞이했습니다. 그리고 딸이 인도네시아인과 재혼하고 공부하는 것 등으로 자신의 도움이 필요하게 되자 오바마를 기꺼이 자기 손으로 키웠습니다.

어머니와 외할머니, 이 2명의 백인 여인들이 오바마를 대통령의 자리에 앉게 했다면, 미셸은 오바마가 자신의 꿈을 꽃피울 수 있게 하는 환경이 되어주었습니다. 오바마는 정말 중요한 결정은 항상 미셸과 의논한다고 합니다. 미셸은 오바마에게 안정된 가정의 분위기를 만들어 정서적 토대를 마련해주었고, 그런 정서적 토대는 오바마가 대통령이라는 자리에 오를 수 있는 가장 중요한 기반이 되었으며, 오바마의 정서적 토대가 흔들릴 때면 미셸이 잡아주곤 했습니다.

'남자는 여자를 결코 이길 수 없다'는 글과 대비되는 '오바마와 미셸의 관계'는 이상적인 부부관계의 모델을 제시하고 있습니다. 어떤 경우에서든지 남편은 아내를, 아내는 남편을 공경하고, 또한 자녀와 평범한 관계를 유지하려는 모습이 그들을 더욱 돋보이게 합니다.

남편은 남편의 자리에서, 아내는 아내의 자리에서 최선을 다할 때 가정의 꿈이 이루어질 수 있습니다. 가정 안에서의 남자와 여자에게는 남편과 아내라는 이름이 주어졌기에, 이기기 위해 서로를 비방하거나 헐뜯거나 미워하거나 해서는 안 될 사람들임을 생각하면서, 어떤 상황에서도 긍정적인 생각과 말로 가정의 평화를 지키기 위해 노력해야 할 것입니다.

공부보다 절실한 가정교육, 인성교육

지적 교육의 주요한 부분은 사실의 습득이 아니라,
습득한 것을 얼마나 잘 실천하느냐 하는 것을 배우는 것이다.
-올리버 웬델 홈스

한 아이가 또 죽었습니다. 그렇게 일찍 세상을 떠나기 위해서 태어나지 않았건만 그 아이가 살기에 이 세상은 너무 힘들었나 봅니다. 그 이유는 친구의 괴롭힘 때문이었습니다. '괴롭힘'이란 단어를 이렇게 쉽게 말해도 될 일인지 다시 한 번 곱씹어봅니다. 심리 검사 결과 '자살 고위험군'에 속하는 아이였다고 합니다.

심리 검사를 통해 항상 마음속에서 '죽음'을 생각하고 있는 아이라는 것을 알았음에도 가족이, 주변이 그 아이에게 "세상은 원래 그런 거란다. 왜 너만 유독 그러느냐?"라고 안이하게 반응했던 것이 그 아이를 죽음으로 몰고 갔습니다.

'원래 그런 거란다?'

세상에 '원래'라는 것이 과연 존재할까요? '원래'는 존재하지 않습니다. 사람들이 일상에서 습관적으로 했던 말과 행동들이 '원래'로 변질된 것입니다.

아이들은 어떻게 해야 한다는 것을 다 알고 있습니다. 그런데 그 '어떻게'가 지켜지지 않고 있기에 '사회성' 문제가 대두되는 것입니다. 아니, 나름대로 가치와 기준이 다 다르고, 저마다 다른 가치관으로 '사회성'을 평가하기에 과연 내가 사회성이 있는 사람인가? 없는 사람인가?에 대해 심각하게 고민할 수밖에 없는 것입니다.

왕따, 따돌림, 괴롭힘 등으로 인해 인생을 포기하게까지 된 아이들의 면면을 살피며 '과연 이 아이들이 사회성이 없어서 그런 것인가?' 생각해본다면, 꼭 그렇지 않다는 증거가 여기저기서 나옵니다. 얼굴이 예뻐서, 지나치게 똑똑해서, 공부를 잘해서, 친구들에게 인기가 많아서 등, 남의 장점이 곧 자신의 화를 북돋운다는 이유로 친구를 괴롭히고 따돌림을 시킨다면, 과연 이러한 문제가 피해자들이 사회성이 없어서 그런 것인지 모두 생각해보아야 할 일입니다.

구성애 강사님의 교육 중에도 요즘 초등학생들이 더 무섭다는 말이 나왔습니다. 아직 정신적으로 정체성이 확립되지 않은 초등학교 시기의 아이들은 옳고 그름에 대한 판단력 없이 '자기 기준'으로 모든 것을 하려 하기에, 어리다고 하기에는 너무나 영악하고 때로는 못 견딜 정도로 밉기까지 한 행동들을 많이 합니다.

그러다 고학년이 되면 부모나 선생님의 말보다는 친구나 또래집단 속에서 형성되는 문화가 훨씬 익숙하기에 그 속에서 나쁜 행동도 서슴지 않고 하게 되는 것이 현실입니다.

말은 한 번 뱉으면 주워 담을 수 없음에도 '막말'을 하는 사람들이 늘어나고 있는 반면, 그들을 통해 카타르시스를 느끼는 사람들도 있으니 정말 아이러니합니다. 더 심각한 것은 그러한 그룹들이 아이들이 아닌 '성인'들이라는 사실입니다. 이러한 사실을 놓고 볼때, 부모들이 이러한 사람들이 옳지 않음에도 어떠한 사실을 정당화하기 위해 그럴 수도 있는 거라고 말한다면, 우리 아이들이 무엇을 보고 자랄지 그 또한 막막한 일입니다.

선한 부모는 아이들에게 선한 마음을 가르칩니다. 그래서 남에게 피해를 주는 행동을 해서는 안 된다는 것을 먼저 가르칩니다. 사회성의 기본은 남에게 양보하고 배려하는 행동이며 상대방에게 피해를 주지 않는 행동이라고 말입니다.

그런데 이렇게 배운 대로 행동하는 아이들에 반해 비정상적인 방법으로 행동하며, 그것을 정당화시키고 그들만의 그룹을 형성해 행동하는 아이들이 있습니다. 이들이 자신과 생각이 다르고 행동이 다른 사람들에게 피해를 주고 왕따를 시키고 폭력 행위를 저지를 때, 과연 올바르게 배운 아이들의 생각과 행동은 어떨까요? 그리고 그렇게 가르친 부모는 '내가 자식을 잘못 가르쳐서 우리 아이가 피해를 본 것'이라고 한탄해야 맞는 것인지 생각해볼 일입니다.

분명 잘못되어가고 있습니다. 그래서 잘못된 것을 바로잡는 일부터 해야 합니다. 먼저 양심이 바로 선 아이들이, 남을 배려하고 양보하는 아이들이, 학생답게 공부하고 성실하게 행동하는 아이들이, 폭력을 사용하고 남을 괴롭히는 것이 잘못인지 아닌지 판단도 하지 못하는 아이들 때문에 주저하는 삶을 살고, 급기야 죽음까지 선택하는 일은 잘못된 것입니다.

그런데 이 아이들의 부모들은 여전히 자신들이 자식을 잘못 키웠다고 생각하지 않습니다. 우리 아이는 그런 아이가 아니라고 변명하기에 급급한 것이 요즘 세태입니다.

어떤 교육학자가 TV에 나와서 이런 말을 합니다. 현대 사회는 부모도 함께 배우면서 자녀를 키워야 한다고 말입니다. 요즘 사회에서 일어나는 모든 일들을 좌지우지할 사람은 '부모'이기에, 부모들의 의식과 부모들의 가르침이 매우 중요하게 작용합니다. 그러나 살아가기에 급급해서인지, 또는 개방적이어서인지, 어떻게 보면 너무 합리화시키는 것이 많아 제대로 된 교육이 이루어지지 못하고 있다고 말합니다. 마음속에서 절대적으로 '옳소'라고 맞장구를 쳐봅니다.

부모라고 해서 모두 다 옳다고 할 수는 없지만, 모두가 함께하는 세상에서 보편적인 부모의 역할을 하는 것이 쉽다고 생각했습니다.

하지만 사안에 따라 그렇지 않을 때가 너무 많기에 제대로 된 부모 역할을 하려면 부모도 '부모 역할론'을 배워야 할 필요가 있음에 절대 공감하고 있습니다.

교육자의 눈으로 볼 때, 지금 사회는 혼돈의 시기입니다. 미래의 우리 아이들에게 올바른 가치를 물려주기 위해서는 옳고 그름에 대한 판단력을 분명히 심어주어야 합니다. 그리고 기본적으로 옳지 않다고 하는 것에 대해서는 어떠한 미사여구를 갖다 붙여도 절대 정당방위적인 행동이라고 얘기해서는 안 됩니다. 그 뜻이 아무리 고결해도 방법이 잘못되면 안 되는 것입니다.

자신이 하고 싶은 말을 아무렇지도 않게 내뱉는 것! 이것은 불특정 다수를 향한 언어폭력입니다. 사회성의 기본조건인 '예의 바른 사람이 되자'라는 덕목을 지키지 않는 행동이 되는 것입니다.

현재보다 미래가 더 걱정됩니다. 이렇게 저처럼 아이들의 미래를 걱정하는 사람들이 점차 사라질 즈음이면, 우리 아이들의 사고는 어떻게 바뀔까? 염려됩니다. 그래서 이러한 염려를 해결해줄 대상이 '부모'라고 생각하는 것이며, 부모의 역할에 따라 아이들의 가치관, 사회성 등이 모두 달라지리라 믿습니다.

자녀들이 좀 더 원만한 사회에서 살기를 원한다면, 그리고 자녀들이 좀 더 편안하고 행복하게 살기를 원한다면 한발 앞서가기보다는 한발 뒤에서 세상을 바라볼 줄 아는 눈을 갖도록 해야 할 것입니다. 또한, 나의 생각이 옳다고 주장하는 것을 좋게만 볼 것이 아니라, 그것이 때로는 고집일 수도 있고 아집일 수도 있음을, '문제의 본질이 무엇인가?'를 꿰뚫을 수 있는 '사고력'부터 갖추게 해야 합니다.

반대를 위한 반대를 하는 사람들이 점차 늘어나고 있는 것은 '생각'이 먼저가 아니라 '우선 내 것부터 챙기고 보자'는 이기주의적인 생각이 앞서기 때문에 '사고'가 올바로 작동하지 않는 것입니다.

올바른 사회성을 가진 사람은 사회에 나와서 제 역할을 제대로 하는 사람입니다. 정당한 방법으로 자신의 능력을 발휘하고 그 일을 통해 타인에게 도움도 줄 수 있고 영향력도 미칠 수 있는 사람입니다. 사회성이 뛰어나다는 평가는 바로 그런 사람들에게 해당되는 말입니다.

친구들하고 잘 어울린다고 사회성이 좋다고 평가할 수 없는 것은 '끼리끼리' 어울리면서 나쁜 행동을 일삼는 아이들이 많기 때문입니다.

사회성은 단순히 친구와의 관계만을 말하는 것이 아닌, 사회 구성원으로서의 역할을 제대로 할 수 있는가에 대한 문제를 제기하는 것입니다. 사회성을 갖추고 있어야 리더로서의 자질을 갖게 되느니만큼, 올바른 부모 역할이 어느 때보다도 중요합니다.

신문에 나온 기사를 읽으면서 작지 않은 충격을 받았습니다. 선생님이 수업을 하고 있는 상황에서 남학생과 여학생이 버젓이 신체 접촉을 하는데 이 모습을 어떻게 받아들여야 하느냐고 하소연하는 내용의 글이 실렸습니다.

어떤 선생님은 수업을 마친 뒤 남학생이 여학생에게 한 성적인 행동이 도저히 용납되지 않아 너무 심하지 않느냐고, 꼭 그렇게까지 수업시간에 행동했어야 했느냐고 물었다고 합니다. 그러자 그 남학생은 전날 야동을 보고 빨리 여자 친구를 만나 신체 접촉을 하고 싶었기에 그랬노라고 당당하게 말했다고 합니다.

학교에 일찍 가는 아이들 중에는 아무도 없을 때 마음껏 애정 표현을 하기 위해서라고 답하기도 했습니다. 이런 상황을 어떻게 받아들여야 할지, 신문을 보고 한참 동안 멍한 상태로 있었습니다.

또, '인권'이란 단어를 함부로 도용하는 초등학생의 얘기에는 더욱 기가 막혔습니다. 엄마가 숙제를 하지 않았다고 야단을 치고 등을 한 대 때렸더니, 아이가 학교에서 나누어 준 통신문을 펼쳐 보이곤 "왜 나를 때려요?"라면서 자기 인권을 무시했다고 엄마한테 항의해서 엄마가 아이가 보는 앞에서 그 통신문을 찢었다고 합니다.

학교에서 인권을 가르치기 전에 인권에는 '책임과 의무'가 따른다는 것을 먼저 교육시켜야 합니다. 하지만 학생의 인권에 대해서만 부각시키니, 학부모는 인권교육을 잘못 시키고 있는 학교에 대해 너무 화가 났다는 것이었습니다.

아이들은 이제 엄마도 나를 때리면 인권을 유린하는 거니까 고발할 거라는 말을 서슴없이 한다고 합니다. 그래서 어떤 엄마는 "고발해! 내가 너 때렸다. 어디서 인권 운운하고 있어?"라고 말했답니다. 현실은 이것으로 끝나지 않습니다.

어느 엄마가 자신의 딸이 다니는 중학교에서 선생님이 잘못한 학생에게 뭐라고 야단을 쳤더니, 그 학생이 자신을 야단친 선생님에게 사과하지 않으면 신고하겠다고 하더랍니다. 처음에는 너무 분했지만, 더 큰일이 일어나기 전에 사과하라는 교사들의 여론에 못 이겨 그 선생님은 야단맞은 학생에게 사과를 할 수밖에 없었다고 합니다. 선생님이 사과를 하고 나니, 아이들은 자기네들의 행동이 잘한 것인 줄 알고 의기양양해했답니다. 그 엄마의 딸은 아무리 보아도 그것은 옳지 않은 것 같은데 왜 선생님이 사과를 했는지 모르겠다고 하더랍니다.

이것이 현재 우리 사회에서 실제로 일어나고 있는 일들입니다. 여기서 그치지 않고 이보다 더 큰일들이 일어나고 있음을 볼 때 도대체 어디서부터 뭐가 잘못된 것일까요?

현재 교육계의 최고의 화두는 '인성교육'입니다. 인성교육은 어느 시대의 교육에서나 강조되어 왔지만 급변하고 있는 이 시대에는 가치 있고 행복한 개인의 삶과 안정적인 사회의 발전을 위해 더욱 절실히 필요합니다. 가치관의 혼돈, 물질 만능주의 사고, 비인간화 현상의 팽배, 유아기 때부터 접하게 되는 매스컴의 음란성, 폭력성 등 아이들은 유해환경에 노출되어 있을뿐더러 청소년들의 비행이 증가

하며 근면, 성실성이 부족한 현상이 이제는 심각한 수준임을 인식하게 되었기 때문입니다.

사실 인성교육의 시작은 '가정'에서부터라는 인식이 보편적이었는데 언제부터인가 우리 사회는 가정에서 해야 할 일까지도 모두 사회가, 국가가 책임져야 한다고 생각하고 있습니다.

가정적인 측면에서 볼 때는 핵가족화로 생활방식이 변화되고, 여성의 사회 진출 증가로 인해 가정교육의 기회가 감소되면서 부모의 권위가 약화되고 전통적인 미덕이 결여되고 있습니다. 이는 원만한 인간관계를 형성할 수 있는 기회가 부족하고 핵가족화 등으로 인한 가족 이기주의 성향이 나타나며, 다른 사람과 더불어 살아가는 양습이 퇴색되는 데 따른 현상입니다.

말끝마다 학생들의 인권을 강조하고, 또 이상한 논리로만 교육의 가치에 접근해 교육을 시키고자 하는 사람들을 보면, 이렇게 묻고 싶었습니다.

"과연 이렇게 잘못된 의식을 어릴 때부터 심어주어 성인이 되었을 때 옳고 그름에 대한 판단력의 상실, 가치관의 혼돈, 자기 주도적인 삶의 모습이 아닌, 국가가 모든 것을 해주어야 한다고 믿는 그러한 삶을 살게 된다면, 이 아이들의 인생을 끝까지 책임질 수 있는 것인가?"

만약 그렇지 않다면 성인이 되었을 때 옳고 그름에 대해 판단할 수 있는 그러한 사고를 갖게 하고, 그러한 교육을 시켜야 하는 게 맞는 것 아니냐고 항의하고 싶습니다.

도저히 이해할 수 없는 것 중의 하나가 부모가 자녀에게 교육을 시킬 때 옳고 그름에 대한 판단력을 갖고 임하는 것이 아니라, 무조건 내 자식 편만 들면 된다는 사고방식을 갖고 접근하는 태도입니다.

아이들에게 옳고 그름에 대한 판단력을 키워주는 것은 가장 기본이며 으뜸이 되어야 합니다. 내 자식이 남에게 피해를 주는 행위를 한다면 마땅히 그것을 고치도록 해주는 것이 부모가 가르쳐야 할 교육입니다. 내 자식이 남에게 피해를 주었음에도 "그럴 수도 있지, 뭘 그런 것 같고 그러느냐."라고 말한다면 그것은 부모로서 할 역할이 아닌 것입니다. 듣기 싫은 말도 들어야 교육이 바로 섭니다. 듣기 좋은 말만 해달라고 한다면 그것은 올바른 교육이 아닙니다.

가정교육이 필요한 이유는, 그리고 남으로부터 듣는 쓴소리도 달게 받아야 하는 이유는 바로 '내 자식이 올바른 삶을 살도록 부모가 보지 못하는 것들을 일깨워주는구나'라는 마음을 가져야 하기 때문입니다.

옳고 그름에 대한 판단력을 키워주는 교육은 인성교육에서 시작되며 사회는 이런 교육을 받은 아이들을 필요로 합니다. 학교에서 자신의 인권만을 내세우는 학생이 만약 내 자식이라고 한다면, 그 부모는 자식의 편을 들어주는 것이 아니라, 내가 내 자식을 잘못 가르쳤노라고 해야 올바른 교육이 되는 것입니다.

말도 안 되는 합리화로 자식 편을 들어주는 부모들을 보면서 결국 교사들은 좌절하게 되고, 열정은 오간 데 없고 직업의식만 발휘하면 된다고 생각하게 되는 것입니다. 정말 무서운 것은 '방관자적인 자세'로 아이들을 가르치는 것입니다. 내 자식에 대해 사람들이 방관자적인 입장에서 말하고 행동한다면 그것이 자식을 키우는 부모의 입장에서 얼마나 큰 고통이고 얼마나 외로운 것인지를 알아야 합니다.

그나마 내 자식을 누군가가 이끌어주려고 할 때는 그 아이가 관심을 받고 있다는 증거입니다. 그런 사람들에 대해 고마운 마음을 갖고 그 사람들이 말하는 것이라면 쓴소리도 마다하지 않고 들을 때 부모는 올바른 역할을 하는 것이며 아이는 제대로 성장할 수 있게 됩니다.

이 시대를 살아가는 부모님들이여! 정말 제대로 아이들을 잘 키우기를 원하십니까? 그렇다면 부모님이 자녀를 대하는 태도를 먼저 점검해보시기 바랍니다. 과연 나는 내 아이에게 쓴소리를 하는 사람의 말을 진정성을 갖고 듣는 사람인가? 좋은 말만 듣기를 원하지는 않는가?

내 아이의 허물을 말할 때 괜히 그 사람이 싫어지지는 않는가?

내 자식이 고쳐야 할 점을 심각하게 말해줄 때 그것에 대해 애써 합리화하려고 한 적은 없는가? 내 자식이 잘못한 일이지만 내 자식이 잘못했다고 말하는 것이 싫어서 이웃과 자식 때문에 싸우지는 않는가? 남들도 다 그렇게 키우는데 나만 질서와 도리를 가르치면 뭐 하나, 라는 생각을 가진 적은 없는가?

남들이 다 똑같이 신세대 교육 방식이 옳다고 생각하더라도, 나는 그 방식보다는 예전의 교육 방식이 더 좋다고 생각한다면, 도덕을 배우고 역사를 배우고 가치관을 심어주는 교육이 더 좋다고 생각한다면, 그 교육을 시키려고 노력하는 사람이 결국 인성 리더를 만들어낼 수 있습니다.

초등학교 학생 중에 유치원 때부터 지금까지 변함없이 인사를 90도로 하는 아이가 있습니다. 수업시간에 조금 산만해도 그 아이가 가장 예뻐 보이는 것은 '예의가 있는 아이'이기 때문입니다.

"너는 틀림없이 인성 리더가 될 거다. 원장님은 아무리 공부를 잘해도 예의가 없는 사람은 절대로 인성 리더가 될 수 없다고 생각한다. 지금 조금 부족해도 예의가 있는 어린이, 어른을 보면 언제든 공손하게 인사하는 어린이! 이런 어린이가 틀림없이 이다음에 훌륭한 사람이 될 거라고 생각한다. ○○아! 너의 꿈을 지지해줄게. 변함없이 그렇게 자라야 한다. 파이팅!"

모든 아이들이 인성 리더가 되기를 진심으로 바랍니다. 나 혼자서 이렇게 떠든다고 해서 될 일은 아니지만, 그래도 못 본 척, 안 본 척하고 말 안 하고 지내기보다는 아이들을 위해 쓴소리를 하는 사람이 되어야 하지 않겠는가? 라고 생각했습니다. 좋은 부모가 되기 위해 끊임없이 노력하는 모습이 변치 않기를 바랍니다. 저 역시도 '인성교육'이 결국 미래의 경쟁력이 될 것임을 믿습니다.

기
적
의

부
모
수
업

Chapter 3

멘토 같은
부모가 되어라

긍정적인 부모가
자존감 높은 아이로 키운다

교육의 참된 목적은 각자가 평생 자신의 교육을 계속할 수 있게 하는 데 있다.
-존 듀이

"교육은 믿음과 신뢰입니다."

이 말은 인지적 측면에서 비롯된 말이고, 특히 유아기 아이들은 자신에게 선택권이 있는 것이 아니라, 부모가 유아의 인생을 좌지우지한다고 해도 과언이 아닙니다. 부모가 올바른 가치관과 교육관을 갖고 긍정적인 사고로 유아를 양육하게 되면, 아이는 부모가 이래라 저래라 하지 않아도, 부모의 긍정적인 사고를 통해서 인지적인 측면이 발달될 수 있습니다. 하지만 부모 자신의 기준에 따른 교육관과 가치관을 자신 또한 남에게 전이시켜 주관 없는 행동에 동참할 때,

유아는 인지적으로 정당한 사고를 할 수 없는 판단력을 갖게 됩니다.

성인이 되었을 때 성격이 좋은 사람, 남을 배려하는 사람, 편안하고 온화한 사람들 대부분은 그 부모들의 사고가 긍정적이면서 유연했던 사람들입니다.

그러나 까칠한 사람, 남을 배려하지 않는 이기적인 사람, 자신만이 옳다고 주장하고 의사소통이 잘되지 않는 사람들은, 부모들 역시 개인주의가 팽배하고, 남을 배려하기보다는 '나만 잘되면 된다'는 식으로 자식을 키웠기에, 결국 그러한 부모의 마음이 그대로 전이되어 그들 또한 그렇게 크는 것입니다. 이러한 것만 보아도 '부모의 긍정적인 사고가 자녀의 생애에 큰 영향을 미친다'는 말이 결코 과장된 것이 아님을 알 수 있을 것입니다.

부모에게 긍정적인 사고를 갖기 위한 '여유로움과 휴식'은 반드시 필요합니다. '긍정적인 사고'는 사람이 살아가는 데 삶의 에너지와 엔도르핀을 주는 역할도 하지만, 유아의 인지적인 측면에서 어머니의 행동이 긍정적이면 유아의 전 생애에 긍정적인 영향을 미친다는 결과가 있습니다. 따라서 교육적인 측면에서 어머니의 긍정적인 사고는 자녀의 인생을 책임지는 절대적인 요소라고 말씀 드리고 싶습니다.

저는 사람을 잘 믿는 편입니다. 누구보다 열심히 살아가고 있기에 남 또한 제 자신처럼 믿습니다. 그래서 어느 날 뜬금없이 제가 운영하는 교육기관에 대해, 또는 저에 대해 얼토당토않은 소리나 이상

한 소문을 퍼뜨리는 사람을 대하는 저의 반응을 지켜본 교직원들은, 특히 10년 넘게 저를 지켜본 사람들은 "억울하지도 않느냐?"라고 말하면서 저보다 더 속상해합니다. 때론 울기도 하고 분개하는 모습도 보입니다. 그러나 저는 오히려 그들에게 이렇게 말해줍니다.

"만약 저에게 하나님이 시련과 고통을 주지 않았다면, 결코 저는 큰사람이 될 수 없었을 것입니다. 선한 일을 행하고 베푸는 예수님을 향해 시기하고 질투한 무리가 있었듯이, 도저히 할 수 없는 일을 누군가가 할 때는 먼저 주변 사람을 시켜서 옳고 곧은 일을 하고자 하는 사람의 기를 꺾어놓는 사람들도 있다는 것을 하나님께서 가르쳐주시는 게 아닐까요?"라고 말입니다.

그렇기에 제가 해야 할 일은 바로 '옳지 않은 말과 행동을 통해 마음을 아프게 하는 사람'의 말을 묵묵히 들어주고, 그들의 자녀를 위해 기도해주는 것이라고 하면, "어떻게 그렇게 할 수 있어요?"라고 또 반문합니다. 자녀를 위한 기도는 부모와는 상관없는 저의 의지라는 것이 제 답이며, "언젠가는 그들도 진정으로 아이들을 위한 교육이 무엇이고, 선한 일이 무엇인가를 알게 될 거예요."라는 말로, 일일이 대응하기보다는 "참고 기다립시다."라는 말로, 속상해하는 주변 사람들을 위로해줍니다.

20년 동안 교육기관을 운영하면서 수많은 학부모님들과 만남을 가졌습니다. 성장의 뒤안길에서 돌이켜볼 때, 가장 가슴 아팠던 일들은 바로 시기와 질투, 모략이었습니다. 30대부터 시작해서 50대에 이르렀으니, 지나간 시간들을 돌이켜보건대 때로는 지금의 성장이 꿈인지 생시인지 모를 때가 있습니다.

고비고비 어려운 일이 분명히 많았었고, 시련과 고통이 있을 때마다 저 역시 많은 고통의 시간을 보냈습니다. 돌이켜보니 고통스런 순간이 있을 때마다 그러한 상황을 극복하기 위해 하나님과 의사소통하는 방법이 연령대별로 달랐다는 것을 알게 되었습니다.

"왜, 저한테 이런 고통을 주십니까?"라고 울부짖었던 때가 30대였다면, 40대 중반에는 "네, 저 받을 준비가 되어 있습니다. 이번에는 어떤 복을 주시려고 이렇게 힘들게 하십니까?"라고 조용히 물었습니다. 그리고 50대가 된 지금은 "그들을 위해 기도하겠습니다. 그들의 자녀를 위해 축복해주세요."라고 말합니다.

30대에는 모든 것에 대해 분노하고 속상해하고 사람에게 당한 고통을 사람에게 풀려고 했다면, 10년, 20년이 지난 지금은 사람들이 제게 말과 행동으로써 가하는 고통조차 사고의 진화를 통해 상대방을 위한 기도로 돌려주는 사람으로 바뀌었습니다. 세상을 보는 시각이 달라졌다는 생각도 갖게 되고, 아이들을 바라보는 시각이 달라졌음을 깨닫게 됩니다. '모든 아이들을 위한 축복의 기도를 해줄 수 있는 마음'이 생겼다는 것이, 그동안의 시련과 고통에 내려주신 가장 큰 '축복'이란 것을 알게 되었습니다.

"아이들의 단점을 보는 교사들은 가르치려고 하지만, 아이들의 장점을 보는 교사들은 이끌어주는 교사가 되려고 합니다. 나는 우리 교사들이 아이들에게서 잘못된 것을 끄집어내어 가르치려고 하기보다는 장점을 찾아내어 이끌어주는 현명하고 지혜로운 교사들이 되었으면 좋겠습니다."

이는 제가 교사들에게 하는 말입니다. 나이 든 사람과 젊은 사람의 차이는 바로 이런 것이 아닐까 생각합니다. 부모님들 역시 아직은 젊기에 장점을 먼저 찾아내어 우선 칭찬해주기보다는, 눈에 띄는 잘못된 행동에 대해 먼저 야단을 치려고 하기에 결국은 의사소통이 안 되고, 부모로서 제대로 가르치고자 하는 마음이 전달되지 않아 늘 뭔가 문제가 있는 것 같은 느낌이 드는 것입니다.

유아의 잠재된 사고를 이끌어가기 위해서는 유아의 마음을 움직이는 기술이 필요합니다. 그 기술이 바로 '장점을 먼저 발견해서 아이를 내 편으로 만드는 교육'이라는 것이 바로 저의 교육관입니다.

사람은 바뀝니다. 몸과 마음이 하나가 되어 행동도 바뀌고 사고도 바뀌면서 차츰 진화하는 것이 사람입니다. 지금의 젊은 혈기가 영원할 수 없으며, 지금 갖고 있는 생각이 결코 영원할 수 없다는 진실을 사람은 나이 들면서, 차츰 진화하면서 깨닫게 됩니다.

부모가 긍정적인 사고로 자식을 키워야 하는 이유는, 사람은 혼자 살 수 없으며 또 사람의 마음은 변하기에 오늘의 동료가 내일의 적이 될 수 있고 오늘의 적이 내일의 동료가 될 수도 있음을 세상사가 가르쳐주기 때문입니다. 세상을 향해 한결같은 마음과 긍정적인 사고로 자식을 키운 사람은 많은 사람을 내 편으로 만들어 자식의 미래를 위한 징검다리를 곳곳마다 놓을 수 있습니다.

하지만 부정적인 사고를 곳곳마다 심어놓은 사람은 어느 순간, 징검다리가 놓여야 할 자리에 그 다리를 놓을 수 없게 되고, 밟고 지나가야 할 징검다리가 없을 때 거센 물살을 헤엄쳐서 건너가야 하는 위기에 직면하기도 합니다.

모든 사람에게 선을 행하고 덕을 쌓는 일이 쉬운 일만은 아닙니다. 그러나 마음먹기에 따라서 가장 쉬운 일인데도 부모가 할 수 있는 일을 하지 않고 허상만을 좇을 때, 부정적인 사고를 갖고 자녀를 키우는 사람이 될 수 있는 것입니다. 부모는 자녀의 멘토가 되어주어야 하며, 부모가 멘토 역할을 제대로 하지 못할 때 자녀의 생애는 결국 불행해질 수밖에 없습니다.

자녀교육을 위해 제대로 된 멘토를 찾아내는 것 또한 요즘 부모님들에게 꼭 필요한 부모 역할이라 하겠습니다. 포스트모더니즘이라는 혼돈의 세계를 살아가는 자녀를 위해 '부모가 해주어야 할 일이 무엇일까?'를 단 한 가지로 정의한다면, '무조건 긍정적인 사고를 자녀들에게 전이시키는 것'이라고 말씀 드리고 싶습니다.

내가 할 수 없는 일을 하는 사람을 볼 때 아낌없이 칭찬해주는 마음, 그것이 바로 부모가 자식에게 보여줄 긍정적인 사고입니다. 나보다 더 좋은 생각을 갖고 나보다 더 좋은 일을 하는 사람을 볼 때 아낌없이 격려해주고 지지해주는 마음, 그것이 바로 부모가 자식에게 보여줄 긍정적인 사고입니다.

몇 해 전《꿈이 있는 아내는 늙지 않는다》의 저자인 김미경 씨의 학부모 연수에 참여 한 적이 있었습니다. 그때에 '103동 505호'에 대한 이야기를 꽤나 의미 있게 들었습니다.

20대 중반까지 배운 지식을 토대로 사회생활을 하다 결혼해서 애 낳고 나면 여자들은 바로 아줌마가 되어서 삼삼오오 모이기를 즐기게 됩니다. 아이들을 유치원, 학교에 보내놓고 나면 "모여라!" 하고 돌아가면서 집집마다 모여 커피 한잔하는 것을 생활화하는 사람들이 있는데 김미경 씨는 그것에 대해 한 말씀 하겠노라는 말로 서두를 시작했습니다.

그녀는 모여서 여자들이 가장 많이 하는 말이 정치, 경제, 자녀교육 같은 것이라면 건전하기라도 하겠지만, 그것보다는 모여서 시댁부터 시작해서 사돈의 팔촌까지 흉을 보거나 흉 볼 사람이 더 이상 없으면 자기 아이들을 보내는 교육기관 및 학교의 선생님 그리고 자신의 주변 사람들에 대한 '~라 카더라'라는 뒷담화를 다 끝내고서야 505호 모임이 끝난다고 말했습니다. 그러자 모여서 듣고 있던 학부모님들은 박장대소를 하면서 공감했고, '저거 내 얘기야!'라는 반응을 보였었습니다.

50대의 나이를 넘길 때까지는 물론이고 젊었을 때도 103동 505호의 멤버가 되지 않았던 저로서는 그 얘기를 들으면서 '설마' 했었는데, 그 강의가 끝나고 어머님들이 '자신의 얘기'라고 고백 아닌 고백(?)을 하면서, 시간을 헛되이 보낸 것을 후회하며 리얼한 강의에 감사하다는 평까지 하는 것을 지켜보았습니다. 게다가 103동 505호에서 일어나는 일이, 자녀교육을 위해서는 결코 바람직하지 않다는 것을 알게 되었습니다.

부모가 실천할 수 있는 가장 작은 일 중의 하나는, '긍정적인 사고'를 갖는 데 도움이 안 되는 것은 스스로 피하는 것입니다. 자녀를 위해 올바른 교육이 무엇인가를 판단할 수 있는 능력을 스스로 갖추어야 한다는 것입니다. 남이 내 자식을 키워주지 않으며 각각의 성향에 따라 아이들은 모두 다르게 자라납니다. 동갑내기 아이들이라도 인생이 모두 똑같이 펼쳐지는 것은 아닙니다. 부모가 어떻게 키우느냐에 따라 아이들의 인생은 달라집니다.

부모가 행복해야 자녀가 행복해질 수 있지만, 개인의 기질 및 성격에 따라 다르게 자라나는 아이들의 인생을 좌지우지할 부모들이니만큼 자녀의 인생을 책임질 선택을 할 때는 내가 갖고 있지 못한 것을 갖고 있는 사람들을 자녀의 멘토로 만들어주어야겠다는 생각을 갖고 선택해야 합니다. 그러면 지금이 아닌 먼 훗날 자녀가 어렵고 힘든 길을 걸어갈 때, 곳곳마다 징검다리를 놓아 준 부모가 되어 있음을 발견하게 될 것입니다.

저는 평소에 불평이나 욕이나 험담을 하는 사람을 아주 싫어합니다. 실제로 경험한 것, 보고 들은 것만 갖고 얘기해도 자칫 말을 잘못하면 '아' 다르고 '어' 다른 차이로 인해 사람들의 오해를 살 일이 허다할 텐데, 보지도 않고 실제 겪지도 않은 일을 두고 남들에게서 들은 말에 살을 붙여서 옮기는 사람들을 보면 왠지 모르게 화가 납니다.

좋은 말만 해도 평생 하고 싶은 말을 다 못 할 텐데, 그 아까운 시간이 불평하고 욕하고 험담하는 내용으로 채워진다면, 기적의 입버릇이 가져다주는, 꿈을 이루게 하는 결과는 결국 오지 않을 것이기에 안타깝기만 합니다.

'자신감과 자존감'을 다룬 책을 읽었습니다. 그 책에는 다음과 같은 내용의 글이 실려 있었습니다.

자신감은 내가 어떤 일을 할 수 있는 능력이 있느냐 하는 것입니다. 내가 돌멩이를 멀리 던질 수 있는 것은 능력이고, 그러려면 돌팔매에 대한 자신감이 있어야 하는 것입니다.

우리는 숨 쉴 수는 있지만 거기에 대해 자신감을 가지는 사람은 없습니다. 누구나 다 저절로 숨 쉴 수 있으니까요. 그렇게 자신감은 특정 능력이 타인과 비교해서 우월할 때 나타납니다. 자신감은 사실 외부와의 끊임없는 비교를 통해 습득하게 됩니다. 그렇기에 열등감을 동반합니다. 예를 들어, 전교 일등을 하던 아이가 어떤 대학에 들어가 40명 중에서 7등을 하면 열등감을 가질 수 있는 겁니다.

그러나 '자존감'은 '내가 나를 승인'하는 것입니다. 예를 들어, 길을 가다가 잘생긴 사람을 보았을 때, 자존감을 가진 사람은 그 사람을 보고 '잘생겨서 좋겠다' 이렇게 받아들이는 것이지요. 나는 뭐가 잘나고, 못나고를 포함해서 자기 자신을 있는 그대로 인정하며 받아들이는 것입니다. 그런 태도는 하루아침에 만들어지는 게 아니기에 차곡차곡 쌓아나가야 하는데, 사실은 그게 인생입니다.

하지만 대부분의 사람들은 자신의 보여주기 싫은 면을 안 보여주기 위해서 어마어마하게 애씁니다. '다른 사람이 날 무시할까 봐, 저 사람이 나를 해칠까 봐' 그러는 것입니다. 그래서 내가 감추고 싶은 부분들을 감추는 데 에너지를 소모합니다.

하지만 자존감을 가진 사람들은 그런 생각에서 자유롭습니다. 자기 객관화가 되어야 자존감의 토대가 만들어지는 것입니다. 그 자존감이 만들어지면 남에게 잘 보이려고 하거나 나를 보호하려고 쓰는 에너지를 아끼게 되고, 비로소 남을 볼 수 있는 여유가 생깁니다.

이기적인 사람은 정확히 말하면 '자기 객관화가 안 된 사람'이라고 할 수 있습니다. 변변치 않은 자신을 보호하려고 여념이 없습니다. 그런 사람들은 자기애를 가진 게 아니라, 자기방어에 여념이 없는 사람들입니다. 정신 에너지가 남아야 비로소 다른 사람이 보입니다. 그래야 남에게 감정이입을 할 수 있고, 이러한 감정이입이 바로 지성의 출발점이고, 어른의 출발점인 것입니다. 이러한 사이클은 다시 자기 객관화를 강화하고, 점점 자존감도 강화시킵니다.

'자존감이 있다'는 것은 자신감이 있는 것과는 다른 차원으로서, 자신의 존재를 사랑해 아무리 못생겨도, 또한 가진 것이 없어도 당당하고 떳떳한 삶을 사는 것이라고 할 수 있습니다. '자존감은 나를 승인하는 것이다'라는 말은 우리의 삶에 지표가 되어야 할 말일 것입니다.

불평하고 욕하고 부정적인 사람은, 상대방이 나를 무시할까 봐 경계의 차원에서 더욱 많은 부정적인 생각을 하게 된다고 합니다. 자존감은 매우 소중한 것입니다. 긍정적인 생각을 통해서 부모가 자존감 있는 삶을 살아갈 때 우리 아이도 건강한 자존감을 가질 수 있을 것입니다.

교육은 무한한 인내심을 통한 끝없는 도전

뛰어난 사람은 두 가지 교육을 받는다. 그 하나는 교사로부터 받는 교육이요,
다른 하나는 자기 자신으로부터 받는 교육이다.
-《탈무드》

"엄마한테 갈 거야!"

엉엉 소리 내어 우는 ○○이한테 다가가서 대화를 나눕니다.

"그래, 엄마한테 가자. 원장님이 데려다줄게."

아이는 그 말 한마디에 눈물을 그치려는 듯한 행동을 합니다.
통곡을 하는 아이들의 울음소리는 매년 이맘때면 늘 듣던 소리라
서 이제는 처음에 울어야 할 아이들이 울지 않으면, 그 아이들도 언

젠가는 울 거야! 라는 생각이 듭니다. 이렇게 우는 것도 아이들이 사회생활에 적응하는 데 있어서 반드시 거쳐야 할 하나의 절차라는 생각이 들었습니다.

아이들이 우는 소리도 모두 제각각입니다. 어떤 아이는 흐느낌형, 어떤 아이는 통곡형, 어떤 아이는 나 몰라라 하고 대책 없이 우는 형, 어떤 아이는 놀다가 웃다가 울면서 놀 것 다 놀고 할 말 다하는 형 등 다양한 형태를 보여줍니다.

특히 우는 소리에 따라 아이들의 성향과 성격을 웬만큼은 파악할 수 있게 되면서 울음 끝이 정말 길 것 같은 아이와, 울기는 울되 말하면서 우는 아이의 경우에는 직접 개입할 필요성을 느껴 우선 그 아이들과 먼저 대화를 시도합니다. 이유는 가장 크게 우는 아이와 울면서 할 말 다하는 아이들은 대부분 고집과 자존심이 무척 세서 웬만한 선수(?) 아니면 그 아이들을 빨리 적응시키기가 어렵기 때문입니다.

그래서 이 아이들과 대화를 시도할 때는 완전히 네 살 눈높이로 돌아가 '너와 나는 동격'의 대화를 시도합니다. 자존감이 있는 아이들은, 울면서도 할 말을 다합니다. 그리고 오기 있는 행동도 하고, 못 먹어도 Go! 라는 심정으로 말을 해도 그냥 곱게 하지 않고 "~할 거야."라는 식으로 말합니다. 울어도 예쁜 아이들이면서 가장 빨리 적응할 아이들입니다.

또, 울음 끝이 길거나 계속 우는 아이들에게 다가가 "원장님보다 더 크게 울 사람 있으면 나와봐. 우리 같이 울어볼까?" 하고 엉엉 우는 시늉을 했더니, 울던 아이들의 울음소리가 작아지면서 아이들이 우는 저의 모습을 쳐다봅니다.

"어, 왜 안 울지? 원장님 소리밖에 안 나네?"
"원장님도 엄마 있어?"
"그럼. 원장님도 엄마 있지. 원장님도 엄마 보고 싶으니까 같이 울자."

아이들은 그런 제 소리에 동병상련의 감정을 느끼면서 눈물을 거두었습니다.

"자, 우리 ○○이 이제 안 울고 잘할 수 있지? 그래도 지금 데려다줄까?"
"싫어. 밥 다 먹고 갈 거야."

정말 많이 웃었습니다. 눈에서는 눈물을 흘리면서 할 말 다하는 아이! 그리고 먹을 것이 나오면 "이것 다 먹을 거야."라고 말하며, 먹고 난 뒤에는 또다시 후렴구처럼 "엄마 보고 싶다!"라고 말하는 깜찍한 아이들입니다.

정말 종횡무진하면서 날쌘 돌이처럼 돌아다니는 ○○이는 궁금

한 것은 못 참아 어디든지 들어가보아야 직성이 풀립니다. 여기 있다 싶으면 어느덧 옆 반 교실을 기웃거리고 있고, 교실에 있다 싶으면 화장실에 가서 또 한 번 볼일을 보고, 또 다른 것이 궁금하다 싶으면 교무실에 들어와서 이것저것 참견하고 나갑니다.

울지 않으면서 많이 돌아다니는 이 아이한테는 전담 경호원(?)이 붙어 다녀야 하는 관계로, 오히려 우는 아이 달래기보다 더 힘듭니다. 체력이 받쳐주어야 했고, 1인 경호원(?)을 언제나 동반해야 했기에 언제까지 그럴 것인가? 눈여겨보았는데, 이틀 지나고 나니 어느덧 그것도 시시했는지, 이제는 자기네 반에서 아이들과 노느라 정신이 없고 우는 아이를 달래주기까지 합니다. 정말 '세상은 요지경'이라는 말처럼, 어른보다 더 어른 같은 아이들과 함께해서 너무 행복합니다.

어느 날, 종일반 아이들의 하원 시간이 다소 늦어진 관계로 너무 늦어질 것 같은 아이들을 직접 귀가시켜주기 위해 차에 태웠습니다. 그런데 어쩌자고 아이들의 방향 감각을 믿었는지, 아이들의 말을 들으면서 운전을 했더니 5분이면 갈 거리를 20분은 더 돌게 되었습니다.

내비게이션이 시키는 대로 가자고 굳게 마음먹고 운전을 하면 뒤에 앉은 꼬맹이가 정말 점잖은 목소리로 "어! 그쪽 아닌데, 요쪽으로 가면 되는데."라고 반말(?)로 한마디를 던집니다.

너무나 믿음직한 목소리였기에 진짜냐고 물으면서 그 말을 믿었습니다. 다섯 살이란 나이는 까마득히 잊은 채 말입니다. 아이들과 대화를 나눌 때는 언제나 동병상련(?)의 마음으로 동지애적인 마음을 갖기에 나이와 상관없는 대화를 많이 나누곤 하는데, 그날은 그 습관으로 인해 '다 같이 돌자, 동네 한 바퀴'를 수없이 했던 것이었습니다. 다섯 살 아이의 말만 믿고 말입니다. 원으로 전화해서 겨우 그 꼬맹이가 사는 동네로 가고 있는데, 뒷좌석에서 또 점잖은 목소리로 놀랄 말을 합니다.

"큰일 났네. 우리 선생님이 내 집을 못 찾네. 나는 집에 다 갔네."

정말 운전 중이 아니었다면 그 아이를 붙잡고 박장대소를 한다든가, 아니면 말을 튼다든가 해야 할 상황이었습니다.

"원장님이 너 집에 못 데려다줄 것 같지? 어떻게 하지? 큰일 났네. 정말 큰일 났네."

아이의 말에 맞장구를 쳐주었더니, "하지만 걱정은 안 해요. 선생님이 있으니까" 이렇게 어른스럽게 말합니다. '과연 다섯 살이 맞나?'라는 생각이 들 정도로 어른스럽고 능청스런 말 때문에 그날의 누적된 피로는 단숨에 사라졌습니다.

'선생님이가 내 집을 못 찾네'라는, 시조를 읊듯이 나온 그 어조가 ○○이의 어휘력을 보여주는 것 같아 매우 인상적이었으며, 늦은 시간이었지만 ○○이와 저는 '말도 안 되는 시조'를 주고받는 유쾌한 시간을 차 안에서 함께했습니다.

《잡스처럼 꿈꾸고 게이츠처럼 이뤄라》를 읽으면서 '교육'에 대해 다시 한 번 생각해보았습니다. '교육이 희망이다'라는 글이 곧잘 눈에 띕니다. 신문에서, 또는 기고 글을 보면 '교육'을 주제로 한 글이 참 많습니다. 참다운 교육이란 무엇인가? 라고 할 때, 교육의 질이 교사의 질을 뛰어넘을 수 없다고 할 때, 이론적인 것은 분명히 알면서도 실천적인 면이 강하지 않기에 언제나 교육을 말할 때는 '성공'보다는 '실패'를 더 많이 논하게 됩니다.

과연 잡스의 선생님(MP3의 창시자)처럼 요즘 흔히 말하는 반항아, ADHD(주의력결핍 과잉행동장애)의 아이를 올바로 훈육할 선생님들이 몇 명이나 될지 생각해봅니다. 게이츠와 잡스를 길러낸 사람은 바로 부모와 교사였습니다. 한 인간의 삶에서 가르치는 자와 가르침을 받는 자의 관계는 인간의 성공과 실패를 가늠하는 척도이기에 매우 중요한 부분입니다.

그럼에도 부모는 자식의 교육을 선택할 때 '누가 무엇을 어떻게'라는 것에 대해 '묻지 마 교육'을 시키는 경우가 허다합니다. 흔히 '남이 하니까 나도 한다'는 교육과, '친구 따라 강남 간다'는 교육이 그런 종류에 속합니다. 적어도 교육에는 '철학'이 담겨 있어야 합니다. 왜 그것을 가르쳐야 하며, 무엇 때문에 해야 하는가?에 대한 답이 있어야 하는 것입니다.

아이들이 울고 있을 때, "울지 마!"라고 말하기보다는 "그렇게 슬펐어? 그래. 우리 슬프면 같이 울자?"라고 한마디 하면 아이들은 금세 말하는 사람의 무릎에 앉거나 목을 껴안고 의지를 합니다. 자기편을 찾았다는 뜻이기도 합니다. 집에서 부모가 해야 할 역할을 교육기관에 오면 교사가 해주어야 마땅한 것이고, 집에서의 형제자매 역할은 교육기관에서는 친구들이, 또래집단들이 하게 됩니다. 아이들은 그러면서 '적응'의 단계를 거치게 되는 것입니다.

"선생님도 엄마 있어?"라고 질문하는 아이에게 "그럼, 선생님도 엄마 있지. 선생님도 엄마 보고 싶다. 우리 같이 울까?"라고 말하면, 아이는 금세 슬픈 눈으로 저를 불쌍하게 바라보며 동지애를 느낍니다. 그러면서 위로한다는 말이 "우리 밥 먹고 놀다가 집에 같이 가자?"입니다.

아이들의 마음을 읽는 것은 무조건 껴안는다든지, 요구사항을 모두 들어준다든지 하는 것으로 되는 것이 아닙니다. 상황에 대처하고 아이의 마음에 안정감을 갖게 하는 말을 들려주면 아이는 자신을 달래주려고 노력하는 사람, 가족이 아닌 제삼자이지만, 이곳에 오면 항상 자기편이 있고, 자신의 말을 들어주는 사람이 있다고 받아들여

이제 마음 놓고 엄마와 떨어져도 되겠다는 느낌을 갖게 됩니다. 그것이 바로 심리적 효과를 통해 아이들을 적응시키는 교육과정입니다.

'그 많은 아이들을 어떻게 다룰까? 또는 그 많은 아이들을 어떻게 적응시킬까?'라는 학부모들의 염려에 대한 답은 바로 '교육의 의미'와 '본질'을 아이들에게 잘 적용시키고 있다는 것을 간접적으로 보여드리는 것입니다.

잡스는 유년기부터 지나치게 왕성한 활동력과 반항아적 기질로 그의 양부모를 힘들게 했으며 학창시절에는 외골수적 성격과 규율을 무시하는 행동으로 정학을 당하기 일쑤였다고 합니다. 알베르트 아인슈타인은 정신지체아로 오해받을 정도로 또래 아이들보다 말을 늦게 익혔고, 토머스 에디슨도 학교교육에 적응하지 못해 어머니가 집에서 가르쳤으며, 어린 시절의 빌 게이츠 역시 '못 말리는 아이'였습니다.

그랬던 그들이 위대한 과학자, 천재 과학자로 이름을 날리고, 세계의 거부가 되어 자선사업을 통해 자신의 부(富)를 사회에 환원하고 있으며, 잡스는 젊은이들이 뽑은, 세계에서 가장 닮고 싶은 CEO로 평가받고 있으니 '교육의 힘이 아니고서는 어떻게 이렇게 할 수 있을까?'라는 물음을 던지게 됩니다.

자칫 비뚤어질 수도 있었던 그들의 비상함이 가정과 학교의 유연하고도 관대한 배려로 비범함으로 꽃필 수 있었다고 하니, 교육자는 전문가가 되어야 한다는 그 말에 다시 한 번 공감하게 됩니다. '왜 교육자를 예술가에 비유했던가?'에 대한 답도 구할 수 있습니다.

미켈란젤로는 천장의 벽화를 그릴 때, 무려 4개월 동안이나 한 작업을 지속했다고 합니다. 그는 남들이 알지는 못하지만 자신이 원하는 작품이 나올 때까지 계속해서 자신을 담금질해 결국 예술적 가치를 높이 평가받았습니다.

미켈란젤로의 작품처럼, 교육 역시도 게이츠와 잡스처럼 교육 전문가의 도움의 손길로 '비뚤어진 삶을 완성된 인간'으로 만들어놓았으니, 인간의 마음을 다스리는 예술가로서의 역할을 해야 한다는 뜻이 담긴 교사는 전문가이면서 예술가가 되어야 한다는 말에 절대적으로 공감하게 됩니다.

아이가 적응하지 못할까 봐 포기시키고, 아이를 떼어 놓고 못 미더워서 헬리콥터 할머니가 되어 주변에서 엄마 대신 아이의 소리에 민감한 반응을 보인다면, 그것은 '교육'을 시작할 때 부모와 주변 사람들이 아이들의 적응에 방해 요인을 제공하는 것과 다름없습니다.

사람은 환경에 적응할 수 있는 사회적 동물입니다. '우리 아이는 절대로 안 돼!'라는 생각으로, 할머니가 일일이 모든 것을 다 해주려고 하는 아이를 보면 마음이 답답해집니다.

눈에 넣어도 안 아플 손주이지만, 이제 교육의 힘을 빌려서 아이를 올바로 양육하고자 하는 부모의 마음을 헤아린다면, 조부모님들도 부모처럼 믿음과 신뢰로 교육기관에 아이를 맡길 때, 모두가 바라고 원하는 아이들로 자랄 수 있습니다.

　교육은 인내하며 끝없이 자신과 싸움을 해야 합니다. 그런 과정에서 포기란 있을 수 없으며, 끝까지 온 힘을 다해야 한다는 열정적인 당위성을 부모와 교사가 아이에게 불어넣어줄 때, 아이가 원하는 교육, 부모가 원하는 교육 그리고 아이의 미래까지도 책임질 수 있는 교육적 목표를 달성할 수 있게 되는 것입니다.

언제나 이기는
부모가 되어라

사람으로서 지켜야 할 도리가 있으니 배불리 먹고, 따뜻하게 입고,
편안히 산다고 할지라도, 교육이 없으면 새나 짐승에 가깝다.
-맹자

"할머니 영어 할 줄 알아?"

"아니."

"할머니는 그것도 몰라?"

아이가 물어보는 것을 '모른다'고 말하는 순간 아이들은 할머니를 '무시'하고 자신과 이야기가 통하는 사람과 대화를 나눕니다. 마냥 귀엽고 예쁘기만 했던 손주에게 '할머니는 그것도 몰라?'라는 말을 들은 할머니들은 공허함과 허탈감에 빠지기도 하지요.

〈시월드〉라는 프로그램에서 요즘 아이들이 할머니를 대하는 태도가 논란의 주제로 떠올랐습니다. 대충 이야기를 요약하자면 어렸을 때는 할머니를 그렇게 따르고 좋아했던 아이들이 조금 자라서 유치원에 들어가면 변한다는 것이었습니다.

영어뿐만이 아니라 요즘 아이들이 너무 유식해서 할머니들은 아이들이 물어보는 것에 답을 해주지 못하겠다는 것이었습니다. 제법 수준이 있는 집단의 할머니들임에도 이런 말을 하는 것을 보면서 진즉에 느끼고 있던 사회적인 현상들에 대해 이야기해보려고 합니다.

요즘 아이들의 특성을 보면 이렇습니다. 보고 듣는 게 많고 부모들이 소황제 떠받들듯 지극정성으로 아이들을 키우고 있기에 아이들의 인지적 능력은 예전과 비교할 수 없을 만큼 커졌습니다. 어른이 받은 정보와 지식은 아이들에게 그대로 전이되어 스펀지와 같은 흡수력을 가진 아이들은 주는 것마다 쏙쏙 다 흡수합니다.

또, 영아기 때부터 문화센터부터 시작해 아이들에게 좋다고 하는 교육은 다 시키다 보니 아이들은 자신이 알고 있는 지식을 어디든 쏟아내고 싶어집니다. 유치원에서 영어를 배우는 것은 기본이고 그 외의 것들도 아이들은 넘치도록 배우게 됩니다. 그런데 이것도 모자라 부모들은 집에서 별도의 과외(?)를 시키며 아이들에게 '좀 더 많이'를 요구하고 있습니다.

이렇게 하다 보니 아이들의 두뇌 기능은 점점 좋아져만 갑니다. 그에 따른 욕구도 많아집니다. 그리고 자신들이 습득한 지식을 가장 가까이에 있는 자신의 할머니 또는 엄마한테 자랑하고 싶어집니다. 이때 할머니나 엄마가 맞받아쳐서 아이보다 더 많이 알고 있는 듯한 느낌을 주고, 아이와 상호작용이 원만히 이루어지면 아이는 '내가 알고 있는 지식이 전부가 아니었구나'라고 깨닫게 되지만, 그 순간 "엄마가 그걸 어떻게 알아?" 또는 "아휴, 내 새끼 잘도 아네, 할머니는 그런 것 몰라."라고 말하면 아이는 그때부터 엄마나 할머니를 적당히 '무시'해도 된다는 생각을 갖게 됩니다. 일종의 자기 우월감에 빠지게 되는 것이지요. 요즘 아이들의 모습이 그렇습니다.

요즘 아이들은 엄마의 외모까지도 간섭합니다. 예전에는 '엄마'라는 단어만 들어도 가슴이 애틋하고 무조건 엄마가 옆에 있으면 좋았지만 지금은 자신의 엄마를 다른 집 엄마와 비교합니다.

"엄마는 왜 화장도 안 해?"
"엄마는 왜 머리가 그래?"
"엄마는 옷이 그것밖에 없어?"
"엄마는 왜 돈을 안 벌어? 다른 엄마들은 돈 벌어서 먹고 싶은 것, 사고 싶은 것 다 사 주는데."

아이들의 엄마에 대한 타박은 이것으로 끝나지 않습니다. 아주 어릴 때는 엄마가 최고였던 아이가 '자아'를 발견하면서 우리 엄마가 자신의 욕구를 충족시키지 못할 것 같다든지 할 때는 괜한 이유로 심술을 부리곤 합니다.

그래도 지금은 엄마의 필요성을 느끼기에 유아기 때까지는 그럭
저럭 참을 만합니다. 초등학교에 올라가서 친구와의 관계가 밀접해
지고 세상이 어떻게 돌아가고 있다는 것을 알게 되면, 엄마를 타박
하는 강도는 훨씬 세집니다.

자신을 위해 희생을 한 엄마를 존경한다든가 원한다든가 하는
아이들을 국보급으로 발견하는 세태 속에서 자신들의 욕구를 흡족
히 채워주지 못하는 것을 엄마의 탓으로 돌리는 아이들도 있습니다.

"엄마는 왜 집에만 있어? 엄마도 다른 엄마처럼 직장에 다니면
안 돼? 나는 엄마가 집에만 있는 게 싫어. 다른 엄마들처럼 엄마도
예쁘게 하고 다녔으면 좋겠어."

심지어는 엄마가 뚱뚱하다고 타박하는 아이들도 있습니다. 예전
에는 아무리 못생겨도 우리 엄마가 최고로 예쁘다고 생각했지만 지
금은 아이들이 자신의 엄마를 어느 관점으로 받아들이느냐에 따라
평가를 다르게 하고 있는 실정입니다.

이렇듯 요즘 아이들의 특성을 알아야 엄마나 할머니가 좀 더 아
이를 정확하게 지도할 수 있을 것 같아 작심하고 말씀 드렸습니다.
아이들은 이미 넘치도록 많은 것을 받고 있습니다. 그렇다면 이제
부모 차례입니다. 아이들이 이렇게 넘치도록 많은 것을 갖게 된 것

은 모두 부모가 애쓴 덕분입니다. 하지만 아이들의 인지적 능력이 높아지면 높아질수록 엄마도 그에 상응하는 자기계발이 필요하다는 것을 놓치고 있는 것은 아닌지 심사숙고해볼 필요가 있습니다.

예전에는 낳아주고 길러주는 것이 부모의 은혜였기에 엄마가 무학일지라도 존경받았습니다. 하지만 요즘은 엄마가 자기계발을 하지 않고 그럭저럭 아이의 뒷바라지나 하면서 취미생활을 하는 데 만족한다면, 아이가 커가면서 갖게 되는 '부모에 대한 자존감' 지수가 떨어질 수 있습니다. 그로 인해 나타나는 결과는, 부모를 적당히 무시하면서 대화의 상대를 다른 곳에서 찾을 수 있으며, 부모 말보다는 다른 사람의 말에 더 귀를 기울이거나 밖으로 나돌거나 합니다.

성우 출신의 출연자가 이런 말을 했습니다.

"내 손주도 나한테 '할머니 영어 할 줄 알아?'라고 물었는데, 나는 그 아이한테 '구연동화'를 들려주었거든. 엄마보다도 훨씬 더 리얼하게 아이한테 책을 읽어주었더니 아이가 엄마보다 나를 더 좋아해. 할머니처럼 엄마는 재미있게 읽지 못한다고 하면서 말이야. 그래서 나는 할머니들이 '구연동화'를 배워서 손주와 좀 더 가까이하는 시간을 가졌으면 좋겠어."

맞습니다. 이것도 참 좋은 방법입니다. 그런 면에서 저는 손자한테 적당히 무시당할 일은 없겠다는 안도의 한숨을 쉬었습니다. 또,

엄마들에게도 꼭 권하고 싶은 자기계발법이 있습니다. 아이들의 인지적 능력이 날로 우수해지면서 아이들의 의식이 확장되고 있습니다. 아이들의 인지적 사고 능력의 발달에 맞추어 반드시 해야 할 일이 바로 '독서'입니다. 책을 많이 읽는 엄마를 아이들은 절대 무시하지 못합니다.

엄마가 자신보다 훨씬 더 많은 것을 알고 있다는 것을 알기에, 또 늘 책 읽는 엄마의 모습을 지켜보았기에 아이는 엄마가 하는 모습을 그대로 따라 하게 됩니다. 아이들을 지도할 때 가장 효과적인 방법은 '감정을 다스리는 것'입니다. 교사나 부모가 아이들의 감정을 다스리지 못하면 배움의 가치가 빛을 발하지 못하면서 인성교육을 제대로 시키지 못했음을 스스로 입증하게 되는 것입니다.

부모의 인성은 아이들한테 전이된다는 사실을 꼭 기억하셔야 합니다. 아이의 떼를 이기지 못한 채 잘못했음에도 아이의 마음만을 헤아려주어야 한다고 생각하는 부모라면 처음부터 아이의 양육 방법에 문제가 있었음을 깨달아야 합니다.

"우리 아이가 달라졌어요."에서 '달라진다'는 것의 핵심은 '부모의 양육법'입니다. 부모의 양육법이 달라지면 아이들의 나쁜 습관과 행동이 모두 고쳐질 수 있다는 뜻입니다. 엄마는 엄마이기에 위대하고 조부모님은 조부모이기에 존경하고 순종해야 한다는 가치관을 심어주고 싶다면, 그리고 그런 교육이 지속되어야 한다고 생각한다면 우선 엄마부터 자기계발에 하루에 단 한 시간이라도 투자하시기 바랍니다.

참 아이러니하게도 워킹맘의 자녀들은 엄마가 일을 한다는 생각을 갖고 있기 때문인지 적당히 포기할 줄도 알고 '사회성' 훈련이 일찍 되어 있는 반면에, 아이 양육에만 집중한 가정의 자녀들은 '엄마와의 관계'는 밀착되었을지 모르지만 '사회성 훈련' 부분에서 뒤처지는 경우가 많이 있습니다.

결론은 아이들이 자라는 속도는 예전과 다르게 빠르다는 것입니다. 그리고 세상에서 보이는 많은 것들이 아이들의 가치관을 혼돈시킬 수 있기에, 아이들의 교육에만 몰입하고 치중할 경우 지나친 개인주의에 사로잡힐 우려가 있습니다. 그것은 어떠한 방법으로든 부모들에게도 영향을 미칠 것이기에 자녀를 미래의 사회인으로 내보내려 할 때 필요한 양육법은, 아이의 인지가 쑥쑥 자라는 것만큼 부모도 자기계발에 힘써 당당하고 떳떳한 부모로서 아이들을 훈육하는 것입니다.

먼저 고민해서 양육에 대한 고민을 함께 나누는 현명하고 지혜로운 부모가 되세요. 똑같은 문제를 놓고 고민을 먼저 하는 부모가 이기는 부모입니다. 생각을 안 하고 그냥 넘어가면 지는 것입니다. 어떤 부모가 되시겠습니까? 바라건대 이기는 부모가 되십시오.

열아홉 번째
편지

자식의 그릇을 만들어주는 사람,
부모

인간을 지혜의 힘으로만 교육시키고 도덕으로 교육시키지 않는다면,
사회에 대해 위험을 기르는 꼴이 된다.
-D. 루스벨트

'나는 우리 부모님처럼 내 자식을 키우지 않겠어. 나는 아이를 자유롭게 키울 거야. 아이가 하고 싶어 하는 걸 다 해줄 거야. 내가 못한 것 아이에게 다 해주면서 잘 키울 거야.'

이런 마음으로 아이를 키우는 부모님들이 꽤 있습니다. 현대의 부모들은 과거의 부모와는 정반대로 아이를 키우고 있습니다. 부모의 권위를 내세우기보다는 온정과 사랑으로 키우는 것이 더 바람직하다고 생각하는 부모들이 많거나 늘고 있는 추세를 보면서, 이 시대 부모들이 왜 그런 생각을 갖게 되었나, 곰곰이 생각해봅니다.

따지고 보면 과거의 부모가 현재의 부모를 엄격하게 키웠기에 아마도 '자식으로서 갖게 되는 반감이 마음속에서 자라지 않았을까?'라는 의문을 가지게 됩니다. 그렇게 내 마음속의 아이가 하는 소리에 귀 기울이고 있었던 것은 아닌지 그 의문에 한번 답해보시기 바랍니다. 어른의 마음속에서 자라는 또 하나의 아이가 어른인 나에게 항상 이렇게 말했던 것은 아니었을까요? 하루하루 아이로부터 배우는 것이 더 많습니다. 아이는 어른들에게 많은 것을 가르쳐줍니다. 부정적인 자아가 많은 부모들에게는 '그렇게 하면 우리가 더 말을 안 들어요. 그러니까 긍정적으로 저희를 대해주세요' 이런 가르침을 주기 위해 최대한의 몸짓 언어로 자신을 표현합니다.

아이가 갑자기 난폭한 행동을 한다든가, 소리를 지른다든가, 욱하는 모습을 보인다든가 할 때 아이는 마음속에서 하고 싶은 말이 많다는 것을 행동으로 표현하고 있는 것입니다. 그러한 아이들을 이해할 수 없노라고 부모가 맞불 작전으로 함께 소리를 지르고 말 안 듣는다고 야단치면 아이가 사용할 수 있는 최선의 무기는 '떼쓰기를 통해 부모 골탕 먹이기'밖에 없습니다.

아이는 어른들을 가르치기 위해 태어난 존재입니다. 그래서 부모가 되어보지 않은 사람은 아직 어른이 되지 않은 것이며 아이로부터 배우는 자세를 가질 때 부모는 그동안 배우지 못했던 것을 깨닫게 되는 것입니다.

과거의 부모가 갖지 못했던 것을 요즘 부모들은 많이 갖고 있습니다. 그것은 과거의 부모들이 또한 배워야 할 부분입니다. 과거의 부모들은 무조건적인 복종을 강요하거나 권위적인 모습을 보이는 것이 올바른 교육이라고 하면서 아이들을 키우기도 했습니다.

시간은 과거와 현재, 미래로 구분되어져 있습니다. 현재가 존재하는 이유는 분명히 과거가 있기 때문입니다. 굳이 과거의 부모와 현재의 부모를 가름하는 이유는 뭔가 절충안이 필요하기 때문입니다. 부모 역할을 돌아볼 때 딱히 과거의 부모가 모두 잘못했다거나 현대의 부모가 모두 잘하고 있다거나 하지는 않습니다.

부모가 아이들을 양육할 때 부모는 늘 부모의 잣대로 아이들을 대하게 됩니다. 그것은 과거나 현재나 똑같습니다. 그러나 우리가 여기서 간과해서는 안 될 것이 있습니다. 바로 '미래'를 바라보고 자녀를 양육해야 한다는 사실입니다.

예전에는 그저 먹고살면 되었습니다. 지긋지긋한 가난에서 탈출만 하면 성공하는 삶이었습니다. 우리의 부모들은 그렇게 살았습니다. 그러나 그중에서도 조금이라도 미래를 내다보는 부모들은 자식에게 교육만은 시켜야 한다는 생각으로 자신들은 헐벗어도 자식은 공부시키며 살았습니다.

그런 부모들 덕분에 국가는 인재를 발탁할 수 있었으며, 그러한 사람들이 곳곳에서 역할을 해주었기에 지금의 우리는 과거의 부모들보다는 더 나은 형편에서 자식을 키울 수 있게 되었습니다. 하지만 지금 우리 아이들에게는 먹고사는 문제가 아닌, '자아실현 욕구'가 삶의 동기부여가 되고 있습니다.

꿈, 비전, 자아실현 욕구, 성취, 사회적 사업가…….

미래는 개인이 혼자 먹고사는 것에 치중하는 데 비중을 두지 않습니다. 그것보다 더 중요하게 여기는 것은 '가치관이 있는 삶을 사는 사람이냐, 아니냐'이며, 이를 갖고 사람을 판단하는 시대가 바로 미래의 교육이 지향하는 시대입니다.

지금 우리 부모들은 과거의 부모에 대항해서 아이를 키우는 것이 최선이라고 생각해서는 안 됩니다. 과거의 부모들은 비록 권위적이고 억압적이긴 했지만, 그럼으로 인해 자녀들이 사회에 나왔을 때 적어도 막돼먹었다는 소리는 듣지 않게 키웠으며, 그렇게 큰 자녀들은 규칙과 질서, 도덕적인 사고를 갖고 사회에 진출했습니다.

그러나 현재의 부모들은 민주적이면서 온정적인 부분, 그리고 사랑하는 마음과 스킨십 등 부모로서 최고의 모습을 보여주고 있지만, 자녀가 사회에 나왔을 때 지켜야 할 규칙과 공중도덕 그리고 기본적인 인성을 갖추는 데 얼마만큼 노력을 기울이고 있는가는 깊이 새겨야 할 부분입니다.

예뻐하고 사랑하는 마음을 갖는 것은 감정적 사고입니다. 그러나 우리는 감정만 갖고 부모 역할을 해서는 안 됩니다. 옳고 그름에 대한 판단력을 갖게 하는 인지적 사고가 함께 병행되어야 좋은 부모 역할을 할 수 있습니다. 그래서 내린 결론이 현재를 살아가는 부모에게 가장 좋은 부모 역할은 과거의 부모 역할과 현재의 부모 역할을 혼합하는 것이며, 그렇게 할 때 미래를 내다보는 교육에 한발 앞선 부모가 될 수 있다는 것입니다.

부모는 자식의 그릇을 만들어주는 사람입니다. 그래서 그릇의 크기는 부모가 결정합니다. 내 자식을 좀 더 큰사람으로 만들고 싶다면, 미래를 내다볼 줄 아는 교육을 시키되 겉과 속이 다 꽉 찬 교육을 시킬 필요가 있습니다.

부모는 아이들에게 당연히 무한대의 사랑을 베풀어야 할 의무가 있습니다. 반면에 사회에 나와서 당당히 자기 몫을 할 수 있는 자식으로 키워야 할 의무도 동시에 부여되었습니다.

내 자식 때문에 다른 사람들이 피해를 입어서도 안 되며, 내 자식 때문에 다른 사람들이 삶의 희망을 잃거나 포기하는 일이 일어나서도 안 됩니다. 무조건 착하게 잘 키우라는 뜻이 아닙니다. 어릴 때부터 도덕적인 습관과 인성교육만 잘 이루어지면 그릇의 크기는 자연스럽게 커지게 되어 있습니다.

지금 조금 불편하다고 해서 내 자식의 허물을 감추려고 하기보다는 '지금 조금 힘들지만 내 자식을 잘 키우기 위해서 무엇을 어떻게 하면 될 것인가?'에 대해 조금 더 관심을 갖는 자세가, 좀 더 겸허한 마음으로 자식을 키우는 자세가 필요합니다. '무엇을 어떻게 하면 될 것인가?' 질문하신다면 이렇게 말씀 드리고 싶습니다.

아이가 혼자서 할 수 있는 일이 무엇인지를 찾아내어 가급적이면 혼자 할 수 있도록 해주시는 것부터 시작하세요. 혼자서 신발 신기, 혼자서 화장실 가서 대소변 보고 용변 처리하기, 혼자서 밥 먹기, 밥을 안 먹거나 심하게 편식할 때 엄마가 안절부절못하거나 간식으로 대체하지 않기, 아이가 공격적인 성향을 보일 때 아이의 행동에 대해 옳고 그름을 판단해주기, 공공장소에서 심하게 떼쓰는 행동을 용인하지 않기, 불규칙적인 생활습관이 몸에 배지 않도록 하기, 부모에게 무례한 행동(장난으로 때리거나 치거나 하는 것 등)을 할 때 안 된다고 얘기해주기, 동생이나 친구를 물거나 때리는 행위가 습관화되지 않도록 하기, 백화점이나 마트 등에서 혼자서 돌아다니거나 에스컬레이터에서 장난치지 않도록 하기 등, 열거하자고 하면 너무 많습니다.

부모 역할은 작고 사소한 것에서부터 시작됩니다. 내 자식을 잘 키우겠다는 마음과 욕심이 있다면 작고 사소한 것 중에서 지켜지지 않고 있는 것이 무엇인지 살펴보세요. 고등학생을 교육시키는 내내 우리 아이들의 모습이 뇌리에서 떠나지 않았습니다. 아이들의 10년 후가 오버랩되면서 우리 아이들도 지금 이 학생들처럼 의식의 확장이 얼마나 중요한 것인지를 잘 아는 아이들이 되었으면 좋겠다는 바람을 가졌습니다. 그리고 적어도 10년 후에 "학생의 꿈은 뭐예요?"라고 물었을 때 지금의 어떤 학생이 말한 것처럼 당당하게 자신의 꿈을 밝힐 수 있는 아이들이 되었으면 좋겠다는 생각도 함께 했습니다.

문득 제 앞에서 소리 지르며 장난치는 아이들을 보면서, 그리고 자신의 이름 석 자가 새겨진 유니폼을 자랑스럽게 입고 '공차기'를 시범해 보이는 아이들을 보면서 세상을 향해 당당하게 도전하는 아이들의 모습을 상상해봅니다.

온실 속의 화초가 되기보다는 자연이 주는 혜택을 모두 받겠다는 각오가 되어 있는 화초들이기에 그 누구보다 당당하게 자랄 것이라 믿어 의심치 않습니다. 그리고 이렇게 자식의 미래를 위해 온실을 선택하지 않고 바깥세상에 도전장을 내민 부모님들의 양육 방식을 힘차게 응원해드리려고 합니다.

"버킷리스트보다는 자신의 목표와 꿈을 작성해서 그 꿈을 이룰 수 있는 드림리스트가 더 필요하다. 드림리스트에는 어떤 제한도 없고, 상상력이 무한대로 커질 수 있기 때문이다. 우리는 항상 무언가를 원하고 있다. 하지만 그것은 잘 이루어지지 않는다. 바로 간절함이 부족하기 때문이다.

드림리스트는 미래에 대한 이런 간절함을 이끌어내는 좋은 기재이자, 향후 비전을 설정하는 데 좋은 원재료가 된다. 드림리스트만으로도 인간이 크게 변하는 경우는 수없이 많다. 그 이유는 자신이 원하는 것을 한 장의 리스트로 만들어보면 그것을 이루고 싶은 간절함이 생겨나고 노력하는 자세를 갖게 되기 때문이다.

지금 당장 나만의 드림리스트를 작성하라. 그리고 하나 둘씩 실천에 옮겨라. 자신의 주변과 일을 소중히 여겨라. 자신을 의심하지마라. 두려워하지 말고 행하라. 돈보다는 행복해지는 연습을 하라."

이 글을 다시 한 번 곱씹어보았습니다. 그리고 자식을 키우는 부모님들께 꼭 드리고 싶은 글이라 옮기기로 했습니다. 제가 자식을 온실 속의 화초로 키우지 않겠다는 양육 방식을 선택했던 것은 지금 생각해보니 바로 자식이 스스로 만들어갈 '드림리스트'를 위해서였습니다. 만약 온실 속에서 자라기를 선택했다면 아들의 드림리스트는 만들어지지 않았을 것입니다. 이것은 분명한 결론입니다. 자식을 온실 속에서 키울 것인가, 세상 밖에서 키울 것인가에 대한 결론이라는 뜻입니다.

지금도 많은 부모들이 고민하고 있습니다. 분명 부모는 자식을 세상 밖으로 내놓았다고 생각합니다. 하지만 많은 부모들이 온실 속에서 자식을 내놓지 못하고 있습니다. 그러면서 답답해합니다. 온실 속과 세상 밖의 경계선이 무엇인지 잘 모르겠다고들 합니다.

세상은 넓고 할 일은 많지만 그 넓은 세상에서 내 자식이 해야할 일을 찾아내는 일은 보통 힘든 게 아닙니다. 아니, 부모들은 지금착각하고 있습니다. 그 일을 부모가 찾아야 한다고 생각하는 것이바로 착각입니다. 부모는 자식이 그 일을 찾아낼 수 있도록 '드림리스트'를 만들어 주는 역할을 해야 하는 것이지, 부모가 그 일을 찾아낼 수는 없습니다.

하루하루 빠르게 성장하는 아이들의 모습을 보면서 어른이, 그리고 부모가 반드시 해주어야 할 일은 바로 아이들이 스스로 '드림리스트'를 만들 수 있도록 환경과 여건을 만들어주는 것이라고 생각했습니다. 온실 속에서 잘 자라도록 물만 주고 보호만 해주게 되면 결국 그 화초는 어느 순간 생명력을 잃게 되며, 사람들의 시선으로부터 멀어지게 됩니다. 이를 생각한다면 단언컨대 부모가 선택해야할 양육 방식은 '더불어 사는 삶' 속에서 '자기 스스로 드림리스트를 만들 수 있는 사람'으로 키우는 방식이어야 한다는 결론을 확실하게 이끌어낼 수 있습니다.

미국의 교육 방식이 가끔 부러울 때가 있습니다. 학생들이 진로를 결정할 때, 직업을 선택할 때 나의 입장이 아닌 국가의 입장에서 선택한다는 말이 그렇습니다.

"스티브 잡스나 빌 게이츠가 그랬던 것처럼 그들은 '내가 국가를 위해서 할 일이 무엇인가?'를 생각하면서 자신의 진로를 결정합니다."

이 말이 제 귓가를 떠나지 않습니다. 지금 다시 내 아이가 태어난다면, 이라는 가제를 늘 붙이면서 말했지만, 이제 저는 이렇게 말해보려고 합니다. "지금 내 손자를 교육시킨다면 '내가 국가를 위해

할 수 있는 일이 무엇인가'를 놓고 자신의 진로를 결정하는 아이로 키우겠다."라고 말입니다.

부모가 행복해야 자식이 행복합니다. 일주일에 단 하루 만이라도 부부가 함께 자식의 미래를 놓고 희망을 이야기하는 대화의 시간을 갖기 바랍니다. 자식은 부모의 미래이며 희망입니다. '미래와 희망'이라는 단어는 단어의 서열화를 매긴다면 당연히 상위권 안에 듭니다. 우리에게 주어진 당연한 권리, 그리고 상위권의 영광을 태어나면서부터 안겨준 자식들을 향해 이렇게 외쳐보세요.

"아들아, 딸아! 너는 나의 미래요 희망이다. 너희를 큰 그릇으로 만들어줄게. 엄마, 아빠만 믿어라."

집보다 밖에서 더 사랑받는
아이로 키워라

사고력을 기르지 못하는 교육은 결국 정신을 타락시키는 교육이다.
-아나톨 프랑스

"요즘 사람들은 도대체 애를 어떻게 키우려고 그러는 거야. 옛날에 내가 아이를 키울 때는 선생님한테 혼나도 그저 더 혼내주세요, 라고 말했는데. 지금은 아이 하나를 갖고 벌벌 떠니, 내 자식이 아이를 그렇게 키울 줄 누가 알았나? 선생 똥은 개도 안 먹는다고 하더니만 우리 딸이 고등학교 선생이었는데 도대체 부모들 보기 싫어서 학교를 그만뒀잖아. 지금은 돈 더 잘 벌고 있어. 그런데 말이야, 지금 이 나라 교육이 정말 잘못되어가고 있는 거 맞지? 아, 원장님 같은 사람도 옛날에 엄한 교육을 받았으니까 지금 원장이 되었지, 그렇지 않으면 이 자리에 있겠어? 벌벌 떨면서 자식 키우는 엄마들 보면 얼마나 속상할 거야? 안 그래?"

주객이 한참 전도되었던 날이었습니다. 할머니의 일장 연설을 들으면서 가슴이 뻥 뚫리는 것 같기도 하고, '하늘에서 오랫동안 지혜의 여신으로 있던 천사가 갑자기 할머니로 변신해 내려온 것은 아닌가?' 하는 엉뚱한 상상도 해보았습니다.

딸기밭 체험현장에 갔을 때 비닐하우스 안에서 제대로 걸음도 못 걷는 아이들을 보면서, '온실 속의 화초처럼 아이들을 키우고 계신 부모님들께 이 마음을 어떻게 전할까?' 고민하고 있었습니다.

'개구쟁이라도 좋다, 튼튼하게만 자라다오'라는 옛 표어가 그리운 현실입니다. '부실한 다리'를 만든 이면에는 부모의 과잉 사랑이 존재하고 있음을 부인할 수 없습니다. 그러다 보니, 화초처럼 예쁘고 얌전한 아이들보다는 말썽을 조금 피워도 여아나 남아나 씩씩하고 적극적인 아이들을 보면 괜히 한마디 하고 싶고 칭찬해주고 싶습니다.

할머니가 하신 말씀이 구구절절 옳았던 것은, 학교에서 아이가 혼나고 돌아오면 요즘 엄마들은 안절부절못하고, 선생님이 우리 아이를 어떻게 했는지만 가지고 따진다는 것입니다. 그런데 당신의 손자 얘기를 해주시면서, 그 옛날 100만 원이 넘는 아주 비싼 유치원에 당신의 아들 내외가 손자를 보냈는데, 할머니가 속으로 그랬답니다.

'너 어디 두고 보자. 자식 그렇게 키워서 학교에 가면 무슨 일 당

할지 어디 보자.'

참 모진 할머니인 것만은 틀림없습니다. 그렇게 귀하게 키운 손자
가 유치원을 졸업하고 학교에 갔습니다. 아니나 다를까 학교에 가고
난 뒤부터 단 하루도 성할 날 없이 얼굴에 상처가 나서 돌아왔는데,
급기야 친구한테 주먹으로 얼굴을 맞고 왔다고 합니다. 도저히 참을
수가 없었던 그 아들 내외가 학교에 가서 선생님을 만나고 오겠다고
했답니다.

할머니는 그 아들 내외를 불러서 그동안 참고 참았던 얘기를 했
는데, 얘기인즉슨 이렇습니다.

"이제 1학년밖에 안 되었는데, 네가 얘 키울 때부터 내 그럴 줄
알았다. 금이야 옥이야 하고 아이를 키우면 너 혼자 잘 키우는 줄
알았지? 그런데 학교에 가서 이런 일이 있으리라곤 생각도 안 해봤
니? 너 키울 때 엄마는 네가 학교에서 맞고 와도 맞을 짓을 했으니
까 맞았겠지, 라고 했지, 한 번도 학교에 쫓아가보지 않았다. 그래도
너 이렇게 멀쩡하게 잘 크고 장가가고 애도 낳았잖니? 너처럼 자식
을 온실 속의 화초처럼 키워서 저 아이 어디다 써먹을래? 맞고 올
수도 있지. 선생이 때렸니? 아이들끼리 싸운 걸 가지고 뭐 학교에 가
서 따져? 에이, 못난 놈아."

요즘 세상에 이런 할머니가 계시다니 정말 놀라웠습니다. 오죽하면 자신의 딸이 그렇게 어렵게 학교 선생까지 올라갔건만 때려치웠겠느냐고, 아주 한탄스럽게 얘기를 합니다. 할머니가 저한테 물어봅니다.

"요즘 부모들 정말 잘못된 거 맞죠? 안 그러우? 어휴, 원장님도 얼마나 속 썩을까? 내가 안 봐도 뻔해. 아, 옆집 앞집 할 것 없이 모두 그런데 왜 안 그렇겠어? 그렇게 한 번 야단맞고 나니까 내 자식이 번쩍 정신이 들었는지, 그때부터 안 그럽디다. 지금 그 아들이 내년에 대학을 간대."

시간만 있다면 할머니를 모셔다가 어머님들 앞에서 '인생9단'의 '내 얘기 좀 들어보소'라는 제목의 강연을 해도 손색이 없을 것 같다는 생각이 들 정도였습니다.

말씀하시는 것마다 모두 맞으니 "맞습니다. 그럼요."라고 맞장구 치면서, 가슴의 체증이 다 내려가는 것 같았습니다. 하고 싶은 말을 다 하지 못하는 직업이 저의 직업입니다. 그러다 보니 하나님께서 제가 말하는 대신 이 할머니가 하는 말을 들으라고 이렇게 보내주신 것 아닌가? 하는 착각을 했습니다.

갑자기 이유 없는 방문을 통해 들은 '어느 할머니의 이야기'는 요즘 고부간의 갈등에서부터 시부모와 며느리의 자녀 교육관의 차이에 이르기까지 한 편의 글을 써도 손색이 없을 거리를 많이 주었습니다. 그 할머니의 말 중에서 시대와 역류되는 이야기가 너무 많기에 그 얘기를 다 옮기지는 못하지만, 저 역시 공감하고 이 말은 꼭 해드려야겠다는 말이 바로 "가정에서 아무리 귀하면 뭐 하나. 밖에서 대접받지 못하면 말짱 도루묵인걸"이라는 말씀이었습니다.

걸쭉한 입담과 함께 한 말이었지만, 저 역시 부모님들께 늘 하던 말 중의 하나가 '가정에서 사랑받는 아이가 되기보다는 밖에서 사랑받는 아이'가 되게 하는 것이 훨씬 자녀교육을 잘 시키는 부모라는 말이었습니다.

가정에서 귀하게 키운 만큼 밖에서도 대접받아야 하는데, 요즘은 가정에서는 귀할지 몰라도 밖에 나오면, '도대체 뉘 집 자식이 저렇게 버릇 없이 컸느냐'는 말을 많이 듣게 되는 세상입니다. 부모들이 아무리 "내 자식 내 마음대로 키우는데 누가 뭐라느냐."라고 외쳐도, 그러한 말을 하면 할수록 마음이 공허해짐을 경험해본 사람들이라면 모두 느끼게 될 것입니다.

가끔씩 저 자신에게 이런 질문을 던집니다.

'소리 없는 메아리를 언제까지 외칠 거니? 네가 그런다고 세상이 달라지니? 부모님들이 달라져? 그때뿐이잖아. 사람들이 변해야지, 혼자 그런다고 해서 될 일이야?'

그럼에도 저의 자아는 끝없이 이렇게 부인합니다.

'아니야. 그래도 해야 돼. 저 아이를 봐라. 남들이 문제아라고 했던 아이가 나의 한마디 말에 마음을 열고 고개를 숙이며 인사하고, 아이답게 변한 모습이 보이지 않니? 그래, 부모님은 안 바뀔지라도 아이들은 바뀔 수 있어. 그러니 내가 해야지. 말리지 마라. 할 거니까.'

자아와의 싸움에서 매일 승리하는 저 자신을 칭찬하면서, 오늘도 '인성교육'을 외칩니다. 부모님의 과도한 사랑이, 과도한 집착이, 그리고 애정을 전하는 방법이 타인을 배려하지 않는 이기적인 부모의 모습으로 비쳐진다면, 그것은 잘못된 사랑법이 될 것입니다.

자녀에게 정말 좋은 부모가 되고자 한다면 이타적인 사람이 되어야 합니다. 타인을 배려할 줄 아는 부모는, 내가 원하는 것을 상대방이 모두 들어주어야 한다는 이기적인 생각이 아니라, 내가 이런 요구를 했을 때 '상대방이 과연 들어줄 수 있을까? 만약 들어준다면 정말 고마운 마음이 들 텐데'라는 이타적인 생각을 아이들에게 갖게 해줍니다. 그래야 좋은 부모라고 할 수 있습니다.

세상이 아무리 변했어도 지켜야 할 것이 바로 '예의'라고 했습니다. 오늘도 저는 각자의 역할의 소중함을 깨닫는다면 '~답게'를 실천하는 멋진 삶을 살아보자고 저의 자아에게, 또 모든 사람들에게 마음을 다해 외칩니다.

내 자식만 잘 키운다고 해서 내 자식의 꿈이 이루어질 수 있는 것은 아닙니다. 가족과 이웃과 친구와 사회가, 그리고 국가가 제 역할을 다했을 때 자식의 꿈도 이루어질 수 있으며, 부모의 역할도 제대로 잘해낸 보람을 느낄 수 있을 것입니다.

아무리 이기적인 부모라 할지라도, 아이들에게 잘잘못에 대한 판단력은 길러주어야 합니다. 부모가 무조건적인 옹호와 수용적인 태도를 보일 때, 아이들은 옳고 그름에 대한 판단력을 갖추지 못한 채 자신의 잘못에 대한 평계와 정당성만을 고집하게 됩니다.

아이들의 미래를 염려하신다면, 부모의 입장에서 '지금 나의 모습은 어떠한가?' 살펴보시기 바랍니다. 우리 아이를 정말 잘 키우고 싶다면, 보다 엄격한 부모의 기준을 마련하시기 바랍니다. 남들에게 미움 받고 부모에게 사랑받기보다는, 부모는 엄격해도 타인에게 사랑받는 아이들이 훨씬 더 좋은 사회성을 갖게 될 것이며, 모든 사람들이 사랑하는 사람이 될 것입니다.

우물 안 개구리처럼, 부모와 가족은 끔찍하게 사랑하지만 밖에서는 환영받지 못하면 사회성이 부족해지고 정서적으로 불안정하기에 매사에 자신감이 없는 아이가 되고 맙니다.

사회는 '홀로서기' 하는 사람들을 원합니다. 타인한테 의지하는 삶을 살아가는 사람보다는, 자신의 힘으로 뭔가를 해내면서 성취감을 맛보는 사람들한테 훨씬 더 후한 점수를 줍니다.

이기적인 부모가 되지 말아야 합니다. 내 자식의 입장만을 생각하는 이기적인 부모로 인해 자기 자식에 대한 주변 사람들의 평가가 원치 않는 방향으로 나올 수 있음을 알아야 합니다. 자식을 키우는 부모라면, 내 자식이 잘되기를 정말 바란다면, 자식을 위해서 부모는 남을 배려하는 행동을 하나라도 더 해야 합니다. 자식을 위해서 지금 손해 보는 것 같을지라도 폭넓은 마음으로 상대방을 이해해야 하고, 자식을 위해서 이웃을 향해 폭언이나 욕을 해서는 안 됩니다. 절대로 남에게 해를 끼치는 행동을 해서는 안 됩니다. 그것이 바로 자식을 위하는 길이며 부모가 해야 할 일입니다.

부모의 순간적인 판단이 타인의 마음에 상처를 주는 것이었다면, 자식을 위해서 언젠가는 그 사람의 마음을 치유해주어야 합니다. 부모가 쌓은 덕은 모두 자식한테 돌아간다고 했습니다. 그것은 실천할 가치가 있는 것입니다. 자식이 죽을죄를 지었더라도 부모가 덕을 많이 베풀고 살았다면, 타인들은 그 자식을 미워하기에 앞서 부모에 대해 연민을 갖고 자식의 죽을죄도 용서할 수 있는 마음을 갖게 됩니다.

자식을 잘 키우는 것 이상으로 중요한 것은 부모가 덕을 쌓는 일입니다. 전혜성 박사의 "재주가 덕을 앞서면 안 된다."는 말은 비단 자식들한테만 가르쳐주어야 할 말이 아니라 부모들이 먼저 깊이 새겨야 할 말입니다.

멘토형 부모가 되어라

교육의 목적은 인격의 형성에 있다.
교육의 목적은 기계적인 사람을 만드는 데 있지 않고,
인간적인 사람을 만드는 데 있다.
-아인슈타인

다음은 두 딸을 둔 아버지의 체험입니다.

제게는 초등학교 1학년과 유아원에 다니는 두 딸이 있습니다. 모든 아빠가 그렇듯이 저도 전부터 좋은 아빠가 되어야겠다고 생각해왔고, 또 아이들이 질문하면 '아무리 바빠도 친절하고 상냥하게 이해시키리라, 아이들이 어려도 신사 숙녀처럼 대해주리라' 다짐하며 좋은 아빠가 되는 행복한 꿈을 꾸곤 했습니다.

드디어 아빠가 되었고 교육할 수 있는 기회가 왔습니다. 우유병을 들고 우유를 마시던 아이가 우유를 방바닥에 쏟으며 좋아하는 것이었습니다. 나는 상냥하게 말했습니다.

"은실아, 우유 쏟지 마. 먹는 음식을 쏟으면 안 되는 거야."

잠시 후 아이가 우유를 또 쏟았습니다.

"하지 말라니까. 아빠가 안 된다고 했지?"

잠시 후에 아이는 우유를 또 쏟았습니다.

"하지 말라고 했잖아. 한 번만 더 해봐라, 혼내줄 거야."

그러나 아이는 또 쏟았습니다. 참는 데도 한계가 있지요. 저는 아이를 때렸습니다. 저의 자녀교육은 이렇게 시작되었습니다. 이래라 저래라 명령하는 것 이외에 훈계, 해결 방법 제시 등 대화에 방해되는 말과 힘을 사용했습니다.

"자, 아빠가 공부 도와줄게. 자, 우선 자세부터 똑바로 해야지, 바르게 앉아. 공책은 이게 뭐야? 글씨는 또박또박 써야지. 이건 다시 써. 아니, 이건 왜 틀렸어? 이렇게 쉬운 것도 몰라!"

아이는 내가 짜증을 내고 큰 소리를 치면 겁에 질려 더듬거렸고 그럴수록 저는 실망과 울분에 젖어 아이를 닦달했습니다.

저는 원망스러웠습니다. 어쩌다 저런 애를 낳았을까, 아내는 애를 왜 저 모양으로 키웠을까. 나와 딸의 관계는 엉망이 되었습니다. 그나마 희망이 보이면 몇 대 때리고 암담하면 아예 '네가 알아서 해' 하고 포기하며 옆으로 밀어버렸습니다. 거기다 아내까지 끼어들 때는 온 집안이 뒤죽박죽이 되어버립니다. 그러던 어느 날 전 깜짝 놀랐습니다. 큰애가 작은애를 무릎 꿇게 하고 야단을 치고 있었습니다.

"너는 언니 말을 들어야 해, 안 들어야 해? 언니가 공부하는데 방해해야 돼, 안 해야 돼? 잘못했어, 안 했어? 매를 맞아야 돼, 안 맞아야 돼?"

큰애가 작은애를 야단치는 방법이 제가 큰아이에게 하는 것과 너무나 똑같았습니다. 어떻게 해야 좋은 아빠가 되는 건지 참으로 암담했습니다. 그 후 대화법 교육을 받게 되었고 비로소 모든 잘못은 아내도 아니고 아이도 아닌, 바로 저 자신에게 있었다는 것을 알았습니다. 저는 크게 깨달은 바대로 아이들에게 사과했습니다. "그동안 나쁜 아빠였다. 좋은 아빠가 되도록 노력할게."라고 말했습니다.

이제까지 가장 효과적이고 완전한 방법이라고 생각했던 것은 거의가 '어떻게 완전하게 아빠 역할에 실패할 수 있나' 하는 것이었음을 알게 되었습니다. 그 후 문제가 있을 때 아이들의 마음을 읽어주고 나를 표현하는 방법으로 대화를 풀어나갔습니다. 문제해결에 초점을 맞추지 않고 자녀의 자존심을 존중해주고 좋은 관계를 유지하려 애썼습니다. 문제를 만나면 서로가 성장할 수 있는 기회로 만들기 위해서 어리지만 자녀를 인격체로 대해주었습니다. 문제는 자연히 쉽게 풀렸습니다. 이제는 문제를 만나도 두렵지 않고 오히려 성장할 수 있는 기회가 왔구나, 하고 기쁘게 문제를 대면하게 됩니다.

'대화'라고 하면 그저 일상적인 얘기를 편하게 하는 것으로 생각하지만 깊이 숨어 있는 아이의 마음을 보기 위해서는 다음과 같은 기술이 필요합니다.

첫째, 먼저 아이의 기를 살려주세요.

잘못을 지적하는 데 급급하면 아이가 자신에 대해 부정적인 자아상을 갖게 되고 자기표현을 꺼리게 됩니다. 야단치는 것보다는 적당히 말을 삼키며 기다릴 줄 아는 인내가 필요합니다. 반복되는 잔소리보다는 말없이 지켜보다가 던지는 말 한마디가 훨씬 더 효과적입니다.

둘째, 평소 아이의 태도를 관찰합니다.

얼굴이 시무룩하거나 엄마의 시선을 피하면서 산만하게 움직이는 행동은 말보다 정확하게 마음을 표현하는 방법입니다. 대화를 기피하거나 의도적으로 말을 듣지 않고 반항한다면 아이가 부모에게 무언가 메시지를 보내고 있다는 의미입니다. 부모가 잘못한 일이 있다면 미안하다는 말을 아끼지 않는 것도 효과가 큽니다.

셋째, 80 대 20의 법칙을 기억하세요.

아이를 이해하는 대화와 부모의 가치를 전달하는 대화가 80 대 20의 비율을 이루어야 한다는 뜻입니다. 예를 들어, 아이가 "시험 망쳤어."라고 했을 때 "다음부터 시험 한 달 전부터 차근차근 계획을 세워 준비해라."라고 조언할 수도 있고, "열심히 했는데 속상하겠구나."라고 위로할 수도 있습니다. 이런 대화는 둘 다 필요하지만, 전자가 너무 강조되면 곤란합니다. 오히려 모든 대화에서 자녀를 이해하는 대화가 80% 정도가 되어야 나머지 20%의 조언, 훈계, 가르침이 제대로 받아들여질 수 있기 때문입니다.

시대가 바뀌면서 바른 부모상도 많이 바뀌었습니다. 많은 부모들이 권위적이고 강압적인 부모보다는 친구처럼 다정한 부모가 되고 싶어 하지요. 부모들이 변한 만큼 아이들의 모습도 많이 바뀌었습니다. 흔히 요새 아이들은 버릇없고 이기적이라는 말을 많이 하는데, 실제로 저는 진료실에서 아이가 엄마를 무시하고 제멋대로 구는 모습을 종종 봅니다.

그럴 때 엄마들은 어떻게 아이를 다루어야 할지 몰라 쩔쩔매다가 결국 아이가 하자는 대로 끌려갑니다. 어떤 아이는 가만히 있는 엄마의 머리를 쥐어뜯고 때리고, 난동을 부립니다.

물론 아이를 사랑으로 대하면서 아이의 눈높이에 맞추어 양육해야 하는 것은 맞습니다. 아이가 엄마와 친밀한 관계를 유지하는 것은 성장기 아이들의 최대 발달 과제이고, 이것이 이루어지지 않는 한 그 어떤 정서적 성장도 기대하기 어려우니까요. 하지만 그것이 무조건 아이가 하자는 대로 끌려가는 것을 의미하지는 않습니다.

엄마들은 아이가 잘못 성장할까 봐 걱정하는 동시에 아이가 엄마를 싫어하면 어쩌나 걱정합니다. 아이가 엄마의 사랑을 잃을까 봐 두려워하는 것처럼, 엄마 역시 아이로부터 외면당하지 않을까 두려운 것이지요.

그런 마음이 부모와 아이 간에 꼭 있어야 할 경계선을 무너뜨리고 맙니다. 사랑을 베풀 줄은 알아도 그 사랑을 현명하게 표현하는 법을 잘 모르는 부모들이 그저 아이에게 모든 것을 맞추어버리는 것이지요.

그 결과 아이는 부모를 자상하고 애정 많은 부모로 인식하는 것이 아니라 우습게 보게 됩니다. '내가 원하는 것을 사 주는 사람' 더 심한 경우 '나 없이는 못 사는 사람'으로 인식하고 그것을 이용합니다. 심지어 어떤 엄마는 "지갑에 돈이 있어야 아이가 말을 듣는다." 라고도 하더군요.

아이가 부모를 한 번 우습게 생각하기 시작하면, 아이가 자랄수록 부모로서 끌어주는 역할을 하기가 힘들게 됩니다. 아이가 부모를 부모로 인식하지 않고 어떤 말을 해도 들으려고 하지 않게 되는 것이지요.

부모와 아이의 관계는 친밀하게 유지되어야 하지만, 경계 또한 분명해야 합니다. 가정 안에서 부모가 아이보다 상위에 있고, 보호자로서 아이의 길잡이 역할을 하고 있음을 부모와 아이 모두 인식하고 그것이 실제로 이루어져야 합니다.

또, 한마디로 말하자면 존경받는 부모가 되어야 합니다. '친구 같은 멘토'라고나 할까요? 아이가 생각하기에 늘 곁에 있어 도움을 청할 수 있으면서 닮고 싶은 사람 말이지요. 하지만 이는 부모가 억지로 권위를 내세운다고 될 일이 아닙니다. 먼저 부모 스스로 올바른 삶을 사는 게 중요합니다. 부모가 자신의 삶에 충실한 모습을 보이면서 늘 아이의 입장에서 사랑을 베풀되, 아이를 바로잡아주어야 하는 순간이 오면 흔들림 없이 단호한 모습을 보여주세요.

저는 이를 설명할 때 '돼지를 치는 농부'를 비유로 듭니다. 돼지를 몰고 밭길을 지날 때 농부는 돼지 무리를 앞세우고 뒤를 따르지요. 한참 길을 가던 돼지가 어느 순간 길 옆 도랑으로 발을 디디면,

농부는 들고 있던 작은 회초리로 딱 한 번 돼지의 엉덩이를 칩니다. 뒤에서 주인이 채근하지 않아 안심하고 있던 돼지는 화들짝 놀라 방향을 바꾸지요. 현명한 농부는 목적지에 닿을 때까지 이렇게 돼지를 인도합니다.

아이는 항상 강압적인 것에 권위를 느낄 수 없습니다. 평상시에 부모의 한없는 사랑을 느끼다가 잘못을 저질렀을 때 부모의 단호한 모습을 보게 되면 부모의 권위를 다시 한 번 생각하게 됩니다. 그렇지 않고 부모가 늘 무섭게 아이를 대하면 성장하면서 큰 부작용이 발생합니다. 아이들은 성장하면서 사랑은 느끼지 않고 권위 있는 부모에게 반항하게 됩니다. 부모를 구타하는 자식 이야기가 그냥 나오는 것이 아닙니다. 아이를 바른길로 걸어가게 하기 위해 부모로서의 경계를 잘 지켜나가야 합니다.

잔소리가 늘어나고, 아이들의 몹쓸 행동이 많이 보이는 것을 보면 지는 해와 같습니다. 해처럼 환하게 비추는 나이일 때는 조금은 너그럽고, 보아줄 만한 것은 대충 넘어가기도 하고, 용납할 것은 용납하고 이해해줄 것은 이해해주자, 라는 마음도 있었습니다.

아직은 해처럼 환한 빛으로 그들을 포용할 수 있는 마음이 있었기에 그랬으리라 생각됩니다. 그러나 지금은 아이에서부터 어른에 이르기까지 '~답게' 행동하지 못하는 사람들을 보면 괜스레 화가 나고, '도대체 이 사회가 어떻게 되려고 그러는가?' 탄식이 나오고 이 세상의 온갖 무거운 짐을 다 들고 가야 할 사람 같은 생각이 들 때가 있습니다. 이러지 말자고 도리질을 해도 눈에 거슬리는 사람들을 보면 한마디 안 하고는 도저히 지나치지 못하겠습니다.

인성교육은 '부모의 모습'을 통해 이루어집니다. 부모가 공중도 덕을 지키지 않으면 아이의 인성교육은 '제로'입니다. 인성교육은 말 그대로 부모가 가르치는 교육이며, 행동으로 보여주는 교육이기 때 문입니다.

욕을 잘하는 부모 밑에서 자라는 아이는 당연히 욕을 배울 수 밖에 없습니다. 부모가 예의 바르지 않으면 아이들 역시 예의 바른 행동을 할 수 없습니다. 부모가 매사에 부정적이고 사람들과 다툼 이 잦다면 아이들 역시 교우관계가 원만할 수 없으며, 모든 일을 힘 으로 해결하려고 합니다. 그리고 억지를 부립니다. 부모가 질서를 잘 지키지 않으면 아이들이 질서 의식을 가질 이유가 없습니다.

'나 하나쯤이야!'라는 생각이 너무나 만연한 세상에서 '나만 잘 하면 뭐 해?'라는 생각을 모두가 갖는다면, 그런 사회를 만든 장본 인은 우리 아이들의 부모님들이며, 이제 아이들이 부모님들이 만든 사회 속에서 살아가야 한다고 생각할 때 얼마나 그 모습이 위태롭 고 불안할지 짐작할 수 있어야 합니다.

제가 걱정하는 것들은 바로 이것입니다. 우리 아이들이 주역이 될 사회를 만들어가는 부모들이 아이들에게 주어야 할 것은, 올바 른 사회인으로 성장할 수 있는 기초 교육입니다. 그것이 인성교육이며 옳고 그름에 대한 판단력을 갖게 하는 교육입니다.

백화점이나 마트에서 또는 전철 안에서 만나는 무수히 많은 부모들을 보면서 혹시라도 눈살 찌푸리게 하는 아이들이 내가 아는 아이들이 아니기를 진심으로 바라는 마음으로 거리를 나설 때가 있습니다. 누군가를 만났을 때 밖에서 본 우리 아이들의 모습이 '안에서나 밖에서나 손색이 없는 아이들이구나!'라는 생각이 든다면, 지금까지 살아온 인생이, '지금까지 해 왔던 일들이 결코 헛되지 않았구나!'라는 생각이 들 것 같습니다. 매일같이 그렇게 되기를 기도합니다.

불안과 두려움 때문에
육아를 겁내지 마라

인간은 교육을 통하지 않고는 인간이 될 수 없는 유일한 존재다.

-칸트

"오은영 선생님은 아이를 어떻게 키우세요?"

오은영 박사님은 《불안한 엄마, 무관심한 아빠》의 저자이자 〈우리 아이가 달라졌어요〉라는 프로에서 아이가 잘못한 이유는 모두 엄마 아빠한테 있다는 것을 간접적으로 전해주는 '양육의 마법사'로 알려져 있습니다. 그녀에게 어떤 엄마가 아이를 어떻게 키우시냐고 질문했습니다.

그런데 이분 역시도 "저도 어머님이랑 같아요. 저도 아이를 키우는 게 두렵고 불안합니다."라고 말했다는 것입니다.

막연한 불안감! 그것은 학창시절에서 비롯되었는데, 제법 공부도 잘하고 반장과 학생회 임원을 도맡아 했던 자신만만한 아이였기에 자신이 좋아하는 분야에서 훌륭한 학자가 되고 싶었고, 그로 인해 사회적인 명성도 얻고 싶은 욕심 많은 아이였다는 것입니다. 그래서 자신은 '독신'이라는 말을 입에 달고 살았는데, 마음 한편에 한 아이의 엄마가 된다는 것에 대한 '막연한 두려움'이 있지 않았나 하는 생각이 든다는 것입니다.

그녀는 사회적인 성공과 한 아이의 엄마가 되는 것을 동시에 수행하는 것이 자신도 모르게 겁이 났다고 솔직히 고백하면서 "두 가지를 제대로 못할 바에야 한 가지만이라도 잘하자는 생각에 무의식적으로 독신주의를 고집했던 것 같다."고 말합니다.

하지만 이랬던 사람이 결혼을 하곤 5년 동안 아이가 생기지 않자, 피임을 한 것도 아닌데 무의식 속에 숨겨져 있던 양육에 대한 두려움과 불안이 신체를 지배했던 것 같다고 합니다. 오래전부터 숨어 있던 두려움과 불안은 아이를 늦게 갖도록 유도했을 뿐 아니라 자신이 평생 하고자 하는 일을 '아이, 부모, 양육' 쪽으로 이끌었다고 합니다. 그 이유는 무의식 속에 숨어 있는 두려움과 불안의 정체를 해결하고자 하는 욕구가 강해졌기 때문이었습니다.

오은영 박사는 "아이를 키우는 것은 절대 쉬운 일이 아니다."라고 말합니다. 지금 막 태어난 돌 이전의 아기든, 유치원을 다니는 아이든, 본격적으로 공부를 시작하는 초등학교 아이든, 무조건 반항만 일삼는 중·고등학교 아이든 양육은 모두가 어렵다는 것입니다. 아이를 키우는 일이 내 안에 숨어 있는 두려움과 불안을 끊임없이 자극하기 때문입니다.

부모님들께 드리고 싶은 진짜 말은 이것입니다. 불안과 두려움을 끝없이 안고 살아가야 하는 것이 부모라면 과연 어떤 부모가 아이를 낳고 싶어 할까요? 그녀는 말했습니다.

"하지만 겁내지 마라. 두려움과 불안은 부모를 절대 파괴하지 않는다. 오히려 두려움과 불안은 부모를 더욱 단단하게 만들고 그로 인해 아이들을 더 건강하게 만든다."

대부분의 부모들이 불안해하고 두려워하는 이유는 그 속에 아이를 더 잘 키울 수 있게 하는 열쇠들이 숨어 있기 때문입니다. 두려움과 불안의 실체를 알고 차근차근 풀어나가다 보면 오히려 양육에 대해 깊이 이해하게 되고, 내 안에 숨어 있는 놀라운 능력과 모성과 부성을 발견하게 됩니다.

지피지기면 백전백승!

이것이 바로 자녀를 더 잘 키울 수 있게 하는 열쇠입니다. '준비된 아이는 준비된 부모 밑에서라야 존재할 수 있다.' 이것은 제가 20년 이상의 세월 동안 유아교육을 하면서 보았던 부모님들과 아이들을 통해서 얻은 결론입니다.

불안한 엄마, 무관심한 아빠가 되지 않기 위해서는, 적어도 '유아는 어떤 존재인가'를 먼저 알아야 하고, 그에 따라 교육을 받는 유아들을 이해하고 믿음으로 기다려주면서 유아의 능력과 욕구가 마음껏 발휘될 수 있도록 해주어야 합니다.

부모가 된다는 것은 쉽지 않습니다. '준비된 마음'을 갖고 있는 부모는 적어도 유아에 대해 '믿음'이라는 단어를 놓쳐서는 안 됩니다. 내 아이의 모든 것을 가장 잘 알고 있으면서 다른 부모의 자녀 모습을 베끼려 하는 '어리석은 부모'가 되고자 하는 부모는 준비된 부모가 아닙니다. 준비된 부모는 '내 아이'에게 집중하는 부모입니다. 그리고 '내 아이를 위해서 지금 내가 부모로서 해야 할 일이 무엇인가?'를 생각하는 부모입니다.

남들보다 좀 더 특별한 아이로 만들고 싶다면, 공부보다는 먼저 인성교육을 시키시기 바랍니다. 그러한 아이들이 더욱 특별한 아이가 될 것이고, 그러한 아이들이 사회를 움직일 때 '정약용책배소'란 도덕의 원칙을 지켜가는 사회가 될 것입니다.

정직, 약속, 용서, 책임, 배려, 소유!

초등학교 1학년 아이들이 배우고 있는 인성교육입니다.

이러한 것을 배우는 아이들이 미래의 리더가 될 것을 믿어 의심치 않습니다. 인성교육을 실천하는 교육 장소, 그리고 매일같이 습관적으로 연습해야 하는 장소는 가정입니다. 부모님들에게 아이들의 미래가 달려 있다고 생각하신다면, 지금 당장 부모로서 하지 말아야 할 것이 무엇인지, 또는 해야 할 것이 무엇인지를 꺼진 불도 다시 보자는 심정으로 점검해서 자녀를 미래의 글로벌 리더로 키우는 데 최선을 다해주세요.

또, 내 아이와 다른 아이를 비교하면 '불안한 엄마'가 됩니다. '무관심한 아빠'는 아이가 자라면서 아빠의 자리를 어느덧 마음속에서 없애버리는 결과를 초래하게 됩니다. 유아기에 엄마, 아빠는 아이들이 아동기에 접어들면서 엄마, 아빠에 대한 존경과 감사함을 갖고 자라게 하는 결정적인 역할을 하게 되는데, 특히 유아가 만 3세 이후에 맡는 엄마, 아빠의 역할은 유아의 심리에도 상당히 많은 영향을 미칩니다.

때로 아이와 함께하지 못하는 아빠를 대신해서 엄마가 아빠 역할까지 하는 가정이 있습니다.

그러다가 어느 날 아빠가 모처럼 쉬는 날을 맞이했을 때, 엄마들은 아이에게 아빠와 함께하는 시간을 마련해주어야 한다는 생각에 아빠와 아이에게 그런 시간을 만들어주려고 애씁니다.

그런데 불과 몇 시간 되지 않아 아빠와 아이는 서로에게 지치며, 아이는 아빠에 대해 '잘 놀아주지 않는다', '재미없다'는 불평을 하게 되고, 아빠는 아이에 대해 '왜 이렇게 말을 안 듣는 건지 모르겠다'는 생각에 마음과 행동이 일치되지 않는 모습을 보일 때가 종종 있을 것입니다.

고기도 먹어본 사람이 잘 먹듯이, 아이들과의 놀이도 함께 놀아본 부모가 잘 놀아줄 수 있습니다. 아빠와 함께하는 시간이 많지 않았던 아이였다면, 갑자기 '아빠하고만 놀아라'라고 하기보다는 '엄마'가 함께 동행해서 아이가 아빠와 함께하는 시간을 통해 즐거워하고 행복해하도록 하는 것이 엄마가 할 역할입니다.

아이가 떼를 쓰거나 돌발행동을 할 때 중재 역할을 하는 사람도 엄마가 되어야 합니다. 대부분의 아빠들은 아이들과 잘 놀아줄 수는 있지만, 아이를 달래주거나, 아이의 비위를 맞추어주거나 하는 데는 익숙하지 않습니다.

따라서 아빠가 모처럼 아이와 놀아줄 시간이 생겼다고 해서 아빠에게 아이와 놀아주라고 하는 것은, 아이와 아빠 사이에 갈등적인 요소를 갖게 할 수 있습니다. 가끔 '무관심한 아빠'라는 소리를 듣는 아빠 때문에 아이는 언제나 아빠를 그리워하고, 엄마는 아빠 역할을 대신해야 하기에 아이에게 늘 미안한 마음을 갖고 있는 가정을 더러 보게 됩니다.

정말 바쁜 아빠일수록, 평소에 아이들과 잘 놀아주지 못하는 데 조금이나마 미안한 마음을 갖고 있다면, 가족들이 참여하는 행사에는 어떻게든 시간을 내어보아야겠다는 마음을 아내에게, 또는 자녀에게 보여주세요. 아이가 아빠를 신뢰하는 마음이 한층 더하게 될 것이며, 그러한 마음이 아내와 자녀에게 전달되어질 때 가족은 함께

'행복'을 공유하게 될 것입니다.

　마지막으로 엄마를 불안한 엄마로 만들지 않기 위해서는 '무관심한 아빠'가 되어서는 안 된다는 것을, 그것이 바로 준비된 부모가 해야 할 일 중의 하나라는 것을 진심을 다해 말씀 드립니다.

기
적
의

부
모
수
업

Chapter 4

엄마가 행복해야
아이도 행복하다

엄마이기에
무조건 힘내라

어린이 교육은 과거의 가치 전달에 있는 것이 아니라,
미래의 새로운 가치 창조에 있다.
-존 듀이

"그 아이 엄마 어떻게 됐지? 작년에 몸이 안 좋다고 나한테 말한 엄
마 있지? 걷기도 힘들어서 자리에 그냥 앉아 있는 거라고 했던 엄마
말이야."

"네, 올해 한 달 다니다가 병이 심해져서 내려갔어요. 아이도 함
께 시댁 쪽으로 데리고 갔고요."

그날, 그녀와의 만남은 이렇게 시작되었습니다.

그녀와의 만남은 여자로서의 삶, 아내로서의 삶, 그리고 누구누
구의 딸과 며느리로서의 삶을 사느라 아파도 마음대로 울지도 못하

고, 죄인처럼 움츠러들 수밖에 없는 현실 속의 우리 모습에 대해 많은 것을 생각하게 해주었습니다.

그녀는 파킨슨병이라고 했습니다. 권투선수 알리가 너무 많이 맞아서 생긴 병으로 알려진 파킨슨병은 자신의 의지대로 몸을 움직일 수 없기에 사는 날까지는 산 사람에게 '짐'이 되는 그런 병입니다.

유난히 그녀의 아이가 똘망똘망했기에 기억에 남았고, 그때도 젊은 엄마의 모습이 예사롭게 보이지 않았기에 기억에 남았습니다. 엄마의 행동은 그때도 부자연스러웠으며 아이에 대한 관심은 지나칠 정도였습니다. 그래서 오래도록 잊히지 않았던가 봅니다.

어찌 되었든, 그날 아침 문득 그녀의 안부를 물어보다 지금은 약을 먹어도 호전되지 않기에 서울의 한 병원에서 재검사를 기다리고 있는 중이라는 소식을 들었습니다.

"가자, 가보자! 답답하다. 아이 소식도 궁금하고."

이미 그 아이는 어린이집을 그만두었지만, 작년에 그렇게 열심히 아이를 뒷바라지했던 엄마가 올해는 아이를 한 달 보내고, 결국 자신의 병 때문에 모든 것을 포기하고 내려갈 수밖에 없었던 그녀가 더욱 보고 싶어졌습니다.

하루의 일과를 마친 뒤 늦은 저녁 시간에 서울의 S병원에서 그녀를 만났습니다. 생글생글 웃음으로 맞이하는 그녀의 모습, 이미 간다고 전화했을 때 들뜬 목소리로 "정말이냐?"고 기뻐했기에 목소리만으로는 전혀 환자 같지 않을 거라는 예감을 갖고, 활기차게 병실에 들어섰습니다.

전보다 얼굴이 더 좋아졌다는 말도 안 되는 인사치레(?)를 하는 사람을 향해 "네, 많이 좋아졌어요."라고 대답하는 그녀! 사실은 좋아진 것이 아니라 얼굴이 부은 것임을 대번에 알 수 있었습니다. 자신의 처지를 담담히 얘기하는 그녀를 보면서, 지금 이 순간 내가 해야 할 일이 무엇인가? 생각해보았습니다.

혼자서는 화장실도 갈 수 없고 재활치료를 해도 이 상태가 가장 최선이라는 그녀를 향해 기운 내라, 용기를 내라, 이런 말은 그다지 어울리지 않을 것 같았습니다.

아무리 용기를 내어본들 몸이 내 의지대로 움직이지 않는다면, 치료를 받아도 소용이 없다면 무엇으로 용기를 내라고 한단 말인가? 생각하면서, 그 순간 '그녀가 가장 소중하게 생각했던 아이'를 떠올렸습니다.

'그래, 맞다. 이 엄마는 아이한테 맹목적일 정도로 헌신적이었지. 어쩌면 자신의 몸이 아팠기에 더 그랬을지도 모르지만, 어찌 되었든 지금은 그 아이가 이 엄마에게 새로운 희망이 될 수도 있을 거야.'

그 생각과 함께 마치 준비해 가지고 온 연설문을 낭독하듯, 그녀에게 왜 살아야 하는가, 란 당위성을 술술 이야기하기 시작했습니다.

"엄마가 살아야 하는 이유는 ○○이 때문이에요. 그것 아세요? 아이들은 엄마가 평생 누워서 아무것도 할 수 없을지라도, 살아 있는 엄마가 내 옆에 계실 때 외로워하지 않고 꿋꿋하게 살아갈 수 있어요. 아이한테 이런 모습 보이기 싫다고 아이와 일부러 정을 떼거나 하는 그런 행동은 하지 마세요. 오히려 당당하게 아이한테 엄마의 모습을 보여주세요. 그럼에도 엄마는 ○○이가 있어서 행복하다고 말해주세요. 앞으로는 아내, 딸, 며느리 이런 타이틀은 모두 버리고, 자신의 이름과 ○○이 엄마로서만 존재한다고 생각해보세요.

똑똑한 ○○이가 엄마가 세상에 없을 때 어떻게 지낼 것인가를 생각한다면, 그것이 더 싫다면, 이렇게라도 살고 있다는 것이 얼마나 감사한 일인지 생각하셔야지요. 걷지 못하면 어떻습니까? 어디 손 좀 한번 줘봐요. 이렇게 악수할 힘이 남아 있을 때까지 아이를 안아줄 수는 있잖아요.

아이를 쫓아다니면서 무엇을 해주어야만 엄마인가요? 유치원에 갔다 오면, 학교에 갔다 오면 엄마의 목소리를 들려주고, 엄마가 항상 함께 있다는 것만 알면 되지요. 그러니까 ○○이 때문에라도 살아야겠다는 생각을 갖고 재활치료를 꼭 받도록 하세요."

그녀는 울면서 저의 말을 듣고 있었습니다. 얼마나 컸는지, 아이 모습을 좀 보여달라고 했더니, 빨리 잊으려고 휴대전화에 저장했던 아이의 사진을 모두 지웠노라고 했습니다. 그 말이 또 가슴을 후벼 팠습니다.

"아니, 아이는 생각하지 않고, 아이를 잊으려 했다고요? 엄마는 아이 곁을 떠날 준비를 한 거예요? 오늘부터는 절대 그런 생각 하지 말고, 엄마가 아프다는 것도 당당히 말하고 보고 싶을 때 아이도 보고 그렇게 해야 돼요. ○○이가 올라오면 연락하세요. 또 올 테니까요. 정말입니다. ○○이 때문이라도 살아야 할 이유를 찾아야 합니다. 아시겠지요?"

다시 한 번 다짐하고, 같은 말을 반복하면서 또 다짐을 받았습니다.

"오늘 해주신 말씀 가슴에 꼭 기억하고 살게요."

저는 마음속으로 울고, 그녀는 울지 않으려고 했는데 눈물이 나온다면서 연신 눈물을 닦았습니다. 차마 발걸음이 떨어지지 않았습니다. 그렇게 병원에서의 밤은 깊어가고, 먼 길을 다시 달려가야 하는지라 꼭 다시 오겠노라는 약속을 하고, 보고 싶으면 언제든 전화

해도 된다는 약속을 하고 병실을 나섰습니다.

가끔씩 아버지 산소에서 불과 몇 미터밖에 떨어져 있지 않은, 화려했던 자신의 과거를 뒤로한 채 자살을 한 최진실과 최진영의 묘소에서 그들의 사진을 둘러보고 옵니다. 많은 팬들이 다녀간 흔적을 보면서 고인의 명복을 빌어주는 추도의 글을 보거나, 편지글을 읽어보곤 합니다.

그러면 뭐 합니까? 살아 있어야 그들이 답하지요. '하나뿐인 목숨'을 고무신 한 짝 강가에 던지듯 아무렇지도 않게 자살하는 사람들을 보면 이제는 측은지심이 들지 않습니다. 그들의 자살은 사회를 혼란스럽게 만들고 자신의 삶조차도 사회가, 국가가 모두 책임져야 한다는 듯 '내 탓'이 아닌 '네 탓'을 하는 사람들이 너무 많기에, 또 어떤 사람들이 그 사람의 죽음을 놓고 어떤 말들을 만들어낼까 생각하니 그런 말을 하는 사람들이 싫고, 너무나 디지털화되는 세상에 자꾸만 정(?)이 떨어져가는 자신을 발견합니다.

삶이 구차하고 싫어서 죽으려는 사람의 목숨을 이렇게 안타까운 사연이 있는 사람에게 '대신 가지고 가라고 하는 방법은 없을까?' 같은, 정말 말도 안 되는 상상을 하게 됩니다.

그녀가 우리와 함께했던 시간은 1년 1개월입니다. 그러나 그녀는 지금도 우리 곁에 '엄마'로서 살아가고 있습니다.

"엄마는 무조건 살아야 해! 왜? 엄마니까. 엄마가 없으면 나는 아무것도 할 수 없으니까."

엄마는 바로 이런 존재입니다. 아이들에게 엄마는 '살아 있음으로 인해 무엇이든 할 수 있도록 만드는, 보이지 않는 힘'을 주는 존재입니다.

그래서 여자는 약해도 엄마는 강합니다. 여자에게 있어 가장 강한 무기는 바로 '엄마'입니다. 아이를 낳지 못한 사람의 소원은 '아이를 낳아보는 것이며, 아이한테 '엄마' 소리를 들어보는 것이라고 합니다. 아이를 못 가진 사람의 소원의 대상인 '엄마'는, 결코 쉽게 넘볼 자리가 아닙니다. 내 배 속에서 태어나지 않았어도 '엄마'라고 불린다면, 행복하고 음미해야 합니다.

'그래. 내가 저 아이의 엄마지? 존재하는 것만으로도 보이지 않는 힘을 불어넣어줄 수 있는 그런 엄마가 돼야지?'

엄마는 이런 마음을 갖고 자식을 키워야 합니다. 이런 모습을 보여줄 때 그런 엄마의 모습은 시간이 흘러도 기억에 남고, 잊히지 않습니다. 젊은 엄마였지만 잊을 수 없었던 것은, 그녀의 불안한 시선과 부자연스러운 몸짓에 의아해했던 저에게, 아이에 대한 그녀의 집착과 사랑, 그리고 자신이 겪고 있는 지금의 처지에 대한 한스러움을 간간이 누군가가 옆에서 들려주었기 때문이었습니다.

그래서 문득 그녀가 떠올랐고, 이제 그녀의 '삶'에 관심을 갖고 지켜보면서 종종 그녀의 말 상대도 되어주겠노라는 생각을 가졌습니다. 또, ○○이에게도 더욱 많은 관심을 갖고 자라는 과정을 한 번씩 꼭꼭 체크해보리라는 생각도 가졌습니다.

파킨슨병 때문에 눈물짓고 있는 엄마! '삶은 드라마의 연속'이라는 말이 새삼 실감나면서, 우리가 살고 있는 삶은 정말 '리얼 스토리'이기에, 생방송으로 진행되는 것이기에, 녹화가 안 되는 삶을 좀 더 경건하고 예의 바른 모습으로 바라보아야 하지 않을까요?

신선함, 발랄함, 상쾌함, 유쾌함 그리고 기발한 창의력과 아이디어, 기계의 달인, 능수능란한 컴퓨터 등 현시대는 젊은 사람들에게 좋은 점도 많이 있습니다. 그러나 겉으로 드러난 좋은 점만 부각되었습니다.

젊은 사람들이 이 세상을 살아가는 데 있어 꼭 필요한 옳고 그름에 대한 잣대, 판단의 기준 그리고 삶에 대한 의미와 동기부여 등 진지하게 이들의 삶을 함께 걱정하고 가르쳐줄 어른들이 점차로 사라지고 있다는 것은 매우 심각하게 받아들여야 할 현실입니다. 마이크 하나 들고 길거리에 나가 인터뷰라도 하고 싶을 정도로, 한 명 한 명을 붙잡고 "왜 그렇게 사니?"라고 묻고 싶은 젊은이들이 많은 현실이, 정말 안타깝습니다.

'의지박약아'가 많은 세상입니다. 과연 어떻게 살아야 할까?에 대한 고민은 각자 해야 할 몫이지만, 적어도 이러한 것이 잘못되었다고 생각된다면, 옳지 않은 것에 대해서는 옳지 않다고 말할 수 있는 사람들이 더욱 많이 필요합니다. 요즘 세대에서는 이러한 사람이 영웅이 되지 않을까 생각합니다.

다 떨어진 청바지를 입고, 반쯤은 자신의 어깨를 드러내고 다니는 젊은 사람이 지나갈 때 그 젊은이를 붙잡고 한마디 할 수 있는 사람이라면, 그 사람이 진정한 영웅이 될 것이라는 생각을 했습니다. 요즘 시대에 젊은 사람 무서워서 어디 말 한마디 제대로 하겠는가? 하는 사람이 너무 많습니다. 따라서 "똥이 무서워서 피하나? 더러워서 피하지."라는 자기변명 같은 말을 하지 않고 묵묵히 마이 웨이를 가는, 고집스럽고 지나칠 정도로 '과거의 우리'를 말하는 사람이, 그리고 물불 안 가리고 예의 바르지 못한 행동에 대해서는 호통을 칠 수 있는 사람이 더욱 그리워집니다.

주변에 만약 이런 사람이 있다면, 저는 그런 사람들이 이 시대의 진정한 영웅이라고 당당히 말할 것입니다. 옳고 그름에 대한 잣대를 갖고 있는 사람이기에 그런 말이라도 하는 것이며, 영웅들은 말과 행동이 모두 일치되기에 남들이 범접할 수 없는 사람으로 후세에 길이 남게 되었을 것이라 생각하기 때문입니다.

누군가가 그랬습니다. 어느 날 '자기 자신이 문득 참 잘했어요'라고 생각되는 일이 많다면, 착한 일을 많이 한 자기 자신에게 선물을 주라고. 그래서 스스로 근사한 넥타이를 골라 자기 자신을 칭찬하며 선물을 줄 때 다른 사람들이 주는 선물보다 더 행복감을 느낄 것이라고 말입니다.

자기 자신에게 매일같이 선물을 줄 수 있는 떳떳한 사람이 되어 봅시다. 저금을 해도 나 자신에게 선물을 주기 위한 저금은 따로 하고, 그러한 돈으로 자신에게 선물을 준다면, 그 선물 역시 전혀 아까울 게 없겠지요. 그런 마음으로 살아가면 신바람 나는 삶을 살게 되지 않을까요?

친절한 행동의
선순환의 힘을 믿어보라

교육은 빠를수록 좋다. 교육은 착하게 인도할수록 좋다.
교육은 바르게 가르칠수록 좋다.
−이이

저는 원생의 동생이 태어나면 꽃바구니를 병원으로 보내 아기의 탄생을 축하해주는 제도를 시행하고 있습니다. 처음에는 그렇게 많은 꽃바구니가 나갈 줄은 몰랐습니다. 하지만 한 해 두 해 시간이 흐르면서 태어나는 아기의 숫자는 점점 늘어났고, 올해는 최고로 많은 꽃바구니를 보냈습니다.

이렇게 많은 사람들이 아기를 낳는데, 국가에서는 여전히 우리나라의 저출산 문제가 심각하다고 합니다. 만약 우리 유치원에 아이를 보내는 엄마들처럼 동생들을 낳는다면 그렇게까지 염려할 일이 아니라고 생각합니다. 국가에서 아기를 낳은 엄마들에게 '축하합니다.

당신은 애국자입니다' 이런 문구를 적어 꽃바구니를 보내 준다면 어떤 일이 일어날까? 상상해봅니다. 하지만 그런 일은 결코 일어나지 않을 것이기에 그 일을 국가 대신 제가 하고 있습니다.

사실 꽃바구니를 보내겠다는 생각을 하게 된 동기는 '여자'라는 동병상련의 마음에서 비롯되었습니다. 여자가 남자보다 위대한 이유는 남자는 아이를 낳을 수 없고 여자는 아이를 낳을 수 있기 때문이라고 당당하게 말할 수 있습니다. 괴력을 발휘하는 남자일지라도, 권력과 명예가 하늘을 찌를 듯 출중하더라도 남자들은 여자가 할 수 있는 일을 하지 못하지 않습니까?

아기를 낳는 권한은 여자에게만 있으며, 여자가 위대한 이유는 남자가 할 수 없는 일을 하고 있기 때문입니다. 그럼에도 이렇게 위대한 일을 하는 여자가 아이를 낳고 나면 남자들은 여자의 마음을 헤아리지 못한 채 잘해야 본전치기로 '수고했어'라는 말 한마디 해주면 그것으로 '오케이'입니다. 심지어는 여자가 너무나 힘들게 아기를 낳는 상황에 처해 있음에도 멋진 척, 강한 척하는 남자들은 "당신만 그러는 것 아니야. 누구나 다 낳는 아긴데 괜히 유난 떨지 마." 라는, 불난 집에 부채질을 하는 말도 서슴지 않고 합니다.

10개월간 아기를 위해 금기 사항을 견뎌낸 것도 여자요, 출산할 때 뼈마디가 떨어져 나가는 고통을 겪는 것도 여자인데, 여자가 아이를 낳는 것을 당연하다는 듯이 생각하는 남자들을 보면서 은근히 속상했습니다. 그래서 생각했습니다. 남편들이 하지 못하는 것을 나라도 대신하자는 것이었습니다.

아기를 낳은 뒤 병실에 왔을 때 방긋 웃고 있는 꽃바구니가 산모를 반겨준다면, 그 꽃을 보면서 마음의 위로를 받게 될 것이라는 생각이 들었습니다. 그래서 그때부터 아기가 태어날 때마다 꽃바구니를 보내 주기 시작했습니다. 제 아기가 태어났을 때 받아보고 싶었던 꽃바구니였습니다. 하지만 저에게도 그런 로맨틱한 일은 일어나지 않았습니다. 그냥 "수고했어."라는 말 한마디가 전부 다였습니다. '꽃바구니까지는 기대하지 않더라도 꽃다발이라도 사 와서 축하해주면 좋겠다'라고 생각했었습니다.

이렇게 시작된 꽃바구니 배달은 한 해에 몇 십 개가 되어 비용이 만만치 않게 지출되고 있지만, 그 꽃바구니를 받아본 엄마들의 반응은 역시 내가 생각했던 것과 다르지 않습니다.

첫아이 때 느껴보지 못했던 황홀함을 꽃바구니를 통해서 느꼈다는 사람도 있었습니다. 그리고 남편한테 받아보지 못했던 꽃바구니를 받음으로써 여자로서 기쁨을 느꼈다는 사람도 있었습니다. 세상에 이렇게 큰 꽃바구니는 처음이라고 감격의 메시지를 전해오는 사람도 있었습니다. 나는 그들이 보내오는 메시지와 감사의 말에 대해 이렇게 말하곤 했습니다.

"당신은 애국자이십니다. 저희는 유아기 양육 파트너로서 최선을 다해 어머님을 도와드리겠습니다."

손지애 미국 남가주대 방문학자·전(前) 아리랑국제방송 사장이 '26가지의 친절한 행동(26 acts of kindness)'에 대해 이런 글을 올렸습니다.

"미국에 온 지 얼마 안 되어 막내딸이 다니는 중학교의 학부모 회의엘 갔다. 선생님이 학교의 여러 프로그램을 소개하면서 '26가지의 친절한 행동(26 acts of kindness)'에 대해 설명했다.

이 프로그램은 2년 전 미국 코네티컷 주에서 일어난 총기 난사(亂射) 사건에서 희생된 26명을 기리는 시민운동이다. 사건 후 미국의 유명한 아시아계 여기자 앤 커리는 이런 비극이 되풀이되는 것을 막기 위해 자신이 무엇을 할 수 있을지 고민했다. 그리고 페이스북에 다음과 같은 글을 올렸다.

"모든 사람들이, 희생된 각각의 귀중한 생명을 위해 한 가지씩 친절한 행동을 하겠다는 각오를 한다고 상상해보세요. 함께하시겠어요?"

그리고 그녀는 자신이 할 수 있는 친절한 행동을 하기 시작했다.

터널 통행 요금을 낼 때 뒤차 통행료까지 내주거나, 자기 차 주변 주차비를 대신 내주거나, 뜨거운 커피를 끓여 동네 소방서에 제공해주는 행동 등이었다.

이 운동은 순식간에 퍼졌고 몇 주 안 되어 100만 명 넘게 동참했다. 그렇게 시작된 운동은 미국 전역뿐만 아니라 해외까지 확산되었고, 비극적인 사건이 일어날 때마다 확장되었다. 기업들도 운동에 동참했다.

KLM 항공사는 체크인 한 고객의 소셜미디어 활동을 보고 고객에게 필요한 작은 선물을 준비했다. 영국으로 관광을 가는 젊은이에게 만보기를 주는 등 작은 감동을 선사한 것이다.

학부모 회의가 끝나고 선생님에게 왜 이 중학교가 이런 운동에 동참하게 되었는지 물었다.

"비극적인 일들이 일어나면 아이들도 TV나 대중매체를 통해 소식을 접하고 충격을 받게 됩니다. 아이들에게 자신이 뭔가를 해서 사회를 바꿀 수 있고 이런 비극을 막을 수 있다는 자신감을 심어줘야겠다는 취지에서 시작했습니다."

아이들은 친절한 행동을 하나씩 하면서 인터넷에 올린다. 한 아이는 슈퍼마켓 주차장에서 할머니의 차에 물건을 옮기는 것을 대신해주고, 다른 아이는 감기에 걸린 이웃 아줌마의 집 안을 청소해주었다. 인터넷에 올린 이야기와 사진에 있는 아이들의 얼굴은 눈부시게 밝다.

서양 명언 중에 "좋은 위기를 허비하지 말라.(Never Waste a Good Crisis.)"라는 것이 있다. 위기를 통해 창의적이고 효율적인 해결 방법을 찾게 된다는 얘기다. 물론 보통은 경제적 의미로 사용되지만 지금 우리 상황에도 적용될 듯하다.

우리는 세월호 사건이라는 비극을 그냥 허비해버린 것은 아닐까? 이 비극을 극복할 창의적이고 능동적인 방법은 없을까? 단지 관련법을 새로 제정하는 것 이상으로 우리가 할 수 있는 것은 없을까?

해결 방법은 아닐지라도 수동적인 나 자신을 떨쳐버리고 창의적인 모방을 해보기로 했다. 최근 잠깐 귀국했다가 돌아오면서 기침하는 공항 카운터 직원에게 레모네이드, 사탕, 목캔디를 살짝 건네주었다. 그리고 오랜만에 트윗을 하면서 '친절한 행동 #1'이라고 썼다.

카운터 직원이 좋아하기도 했지만 돌아서는 내 얼굴에는 더 큰 행복이 깃들었다. 앞으로 남은 25개의 친절한 행동은 무엇으로 할까 하는 행복한 고민에 빠져들었다."

'26가지의 친절한 행동'이 문득 떠오른 이유는, 지금 제가 하고 있는 이 일도 친절한 행동임이 분명하다는 확신이 들었기 때문입니다. 유아들을 위한 교육기관을 운영하다 보니 많은 외부 고객들이 있습니다. 그런데 그들은 하나같이 "여태껏 많은 유치원을 다녀봤지만 이렇게 원장님처럼 아이들한테 이것저것 주는 것을 좋아하는 사람은 처음 봤어요."라고 말합니다.

그런 말을 들으며 그것 역시도 '친절한 행동'으로 기록해두었습니다. 그렇게 따져보니 친절한 행동은 계산적이지 않은 행동으로 금전적인 손해는 보지만, 그 행동을 하고 나면 몇 배의 반사이익이 돌아온다는 것을 알게 되었습니다.

아이들에게 아침밥 해 먹이기, 엄마를 대신해서 도시락 싸 주기, 부모 참여 수업 때마다 학부모들에게 식사 대접하기, 아나바다 바자회 때 아이들에게 원하는 물건을 살 수 있는 가짜 돈 만들어 주기, 그리고 아이들이 좋아하는 물건을 구입해서 고르게 하기, 출산 후 학부모들에게 꽃바구니 보내 주기, 맞벌이 부부를 위해 연중무휴로 유치원을 운영하기……

이외에도 친절한 행동을 헤아리면 26가지가 넘을 듯합니다. 어찌 되었든 기분이 좋습니다. 친절한 행동이 새삼스러운 것이 아닌, 지금 하고 있는 일들을 계속 이어나가면 되는 것이기 때문입니다.

테레사 효과라는 말이 있습니다. 좋은 일을 하면 또 다른 사람이 좋은 일을 배턴터치(baton touch)하여 실천하게 되고 그러면서 연속적으로 주변에 있는 사람들이 좋은 일을 하게 된다는 것입니다. 저는 이 효과의 힘을 믿습니다. 먼저 선을 베풀어보세요. 그 보답은 나뿐만 아니라 아이에게도 선순환되어 행복의 경험으로 연결될 것입니다.

자녀 사랑, 교육자에 대한
믿음부터 가져라

–

기술은 하나의 도구에 불과하다. 어린아이들의 협동심을 고취하고
의욕을 불어넣는 데는 교사가 가장 중요하다.
–빌 게이츠

제 나이 40대 중반 즈음이었나 봅니다. 지금도 그렇지만 그때도 저
는 아이들이 체험할 장소를 정할 때는 그곳이 어디가 되었든 반드
시 사전 답사를 하는 것을 원칙으로 하고 있었습니다. 그래서 그때
찾아간 곳이 바로 H농원이었습니다.

평택에 있는 그 농원은 내가 원하던 그런 곳이었습니다. 나무가
많고 놀이터가 있고 자연 그대로의 모습을 갖추고 있었습니다. 저는
꾸미지 않은 순수한 모습이 마음에 들어 '그래, 이곳이야'라는 생각
에 그곳을 체험학습 장소로 정하기로 마음먹었습니다.

그런데 알고 보니 그곳은 유치원 이사장직에서 은퇴한 노부부가

운영하는 곳이었습니다. 그 원장님은 저를 '젊은 원장'이라고 부르시며 아주 반갑게 맞이해주셨습니다. 호호백발 노인이셨지만 아주 얼굴도 고왔고 말씀하시는 데서도 기품이 느껴졌습니다. 저는 그 원장님한테 단도직입적으로 물어보았습니다.

"원장님! 왜 현장을 떠나셨어요? 지금 제 나이가 40대 후반이다 보니 원장님처럼 은퇴하신 분들을 보면 은퇴 이유가 궁금해지곤 해요."

자손 대대로 영원한 기업을 이루는 사람들도 있지만, 이렇게 현장에서 은퇴해서 전혀 다른 일을 하고 있는 사람을 보면 꼭 물어보고 싶었습니다. 그때 당시 제 마음 같아서는 나이가 들면 더 연륜이 쌓이기에 그때의 마음보다 훨씬 더 여유롭게 운영할 수 있을 거라는 생각이 들었기 때문이었습니다. 그 원장님은 제게 이런 말씀을 해주셨습니다.

"원장님! 나도 아이들을 좋아하고 아이들하고 있으면 참 행복했는데, 나이가 들면서 며느리뻘 되는 엄마, 딸 같은 엄마들이 무례하게 행동하고 무분별하게 구는 모습에 지치더라고요. 힘도 들었고요. 그래서 결국은 그만뒀어요. 지금은 그런 엄마들 상대 안 하니까 너무 행복해요.

젊었을 때는 이런저런 사람들을 만나도 다 그러려니 상대했는데 나이가 들면서는 그런 사람들을 만나면 말하고 싶지도 않고, 화만 나는데 어쩌겠어요? 그래서 '아, 이 일도 나이가 들면 못할 짓이구나' 이런 생각이 들었어요. 잘하고 있는 원장님한테 내가 괜한 소리하는 것은 아닌지 모르겠어요. 원장님은 아직 젊으니까 열심히 잘해보도록 하세요."

당시에는 정말 젊었기에 일흔을 바라보고 있는 원장님의 말씀을 그냥 푸념처럼 들었었습니다. 그것이 그렇게 은퇴할 정도까지 큰 이유가 되는 건지 실감이 나지 않았습니다. 그런데 지금 제 나이 50대 후반을 넘기면서 문득문득 그 원장님 생각이 납니다.

아이들은 해가 갈수록 더 예쁘고 아이들을 생각하면 설레기까지 하고 내 삶을 다 주어도 아깝지 않은데, 정말 그 원장님의 말처럼 말도 안 되는 말을 하면서 원장이나 교사의 마음을 아프게 하는 사람을 만나면 말하고 싶지도 않고, '이제는 내가 물러날 때가 되었나?'라는 생각이 문득문득 들곤 합니다.

나이가 들면 지혜로움으로 아이들을 더 잘 가르칠 것 같은 사람들이 왜 현장을 떠나고 있는지 이해하지 못했던 그 이유들을 하나둘씩 깨닫게 되면서, 뭔지 모를 회의감이 밀려옵니다. 왜 부모들은 어린이집과 유치원에 아이들을 보내면서 아이들을 가르치는 곳에 대해 감사함을 갖지 못하는지 모르겠습니다.

우리 부모님이 요양원에 계실 때 저는 저를 대신해서 부모님의 이부자리를 갈고 똥오줌을 받아내는 요양사들이 너무나 고마웠습니다. 그리고 원장 부부에게도 정말 감사했습니다. 쾌적한 환경을 유지시켜주는 것에 대한 감사함과 우리 부모님을 위해 이런 곳이 존재한다는 것에 대한 감사 등 여러 가지로 저는 그들에게 고마움을 표현했습니다.

저는 면회를 갈 때마다 그들에게 "정말 고맙습니다."라고 말하곤 했습니다. 그런데 어느 날 어떤 사람들이 일하는 요양사들을 큰 소리로 나무라고 있었습니다. 요양사들은 영문도 모른 채 당하는 표정들이었습니다. 급기야 원장이 나왔고, 간병을 온 가족들은 원장의 말을 듣고 자초지종을 이해하는 표정이었습니다.

저는 그 장면을 보면서 '가족이 하지 못하는 일을 대신해주는 이 사람들에게, 내가 조금 못마땅하다고 해서 따지고 할 말을 다하기보다는 진심을 다해 고맙다고 말하는 것이 우선이 아닐까?'라고 생각했습니다. 만약 이들이 없었다면 우리 부모님은 누가 돌볼 것이며, 이들처럼 시시때때로 부모님을 챙겨드릴 수 있을 것인지 스스로에게 물어보면 결코 그렇게 해서는 안 된다고 말입니다.

이런 사고방식으로 저는 면회를 갈 때마다 좋은 것만 보았고, 그 좋은 점을 칭찬해주곤 했습니다. 결국 이러한 저의 행동에 대한 대가는 고스란히 우리 부모님에게 돌아갔습니다.

교육은 믿음과 신뢰의 관계 속에서 이루어져야 좋은 결과가 나옵니다. 그런데 부모님들이 아이들이 다니는 원을 믿지 못하고 교사를 믿지 못하는 갈등 구조가 되면, 결국 좋은 교육자들은 현장을 떠나게 되고, 아이들을 정말로 사랑하는 많은 사람들은 마음에 상처를 입고 뿔뿔이 흩어지게 되는 것입니다.

저도 손자가 생겼습니다. 아이가 점점 자라고 있습니다. 우리 손자도 이제 네 살이 되면 어린이집을 다니게 되고, 또 한 살 더 먹으면 유치원에 다니게 됩니다. 저는 지금부터 며느리에게 '좋은 부모'가 될 것을 요구하고 있습니다. 제가 말하는 좋은 부모란, 부모가 자식에게 무엇을 어떻게 해라, 라고 말하는 것이 아니라 자식이 무엇을 잘하는지 지켜보고 끝없이 인내하며 기다려주는 부모라고 했습니다.

그리고 또 하나 '좋은 부모는 믿음이 있는 부모'라고 했습니다. 어떤 교육이 되었든 선택했다면 가르치는 사람을 믿고 따를 때 올바른 결과가 나옵니다. 내 마음에 들지 않는다고 교사를 헐뜯는 것은 좋은 부모가 할 일이 아니며, 또한 남의 말 때문에 내 자식이 잘 다니고 있는 곳을 옮겨 다니는 것도 좋은 부모가 할 일이 아니라고 했습니다. 좋은 부모는 절대 103동 505호 멤버가 되지 않으며, 책을 가까이하고 교육적인 소신과 철학을 갖고 아이를 키우는 부모라고 가르치고 있으니 이제 얼마만큼 실천할지 두고 볼 일입니다.

지금 저는 마음속에서 한 가지를 소망합니다. 40대 중반에 만났던 70대 원장님처럼 그런 이유 때문에 현장을 떠나는 사람이 되지 않게 해달라고 말입니다. 제가 현장을 떠나게 되면 저를 더 많이 필요로 하는 사람들이 피해를 입을 것이기에 그런 일이 일어나지 않도록 해달라는 간절한 마음을 소망에 담아봅니다.

어느 날 아침 전화를 받았습니다. 다른 유치원의 원장님 전화였습니다. 한동안 연락이 뜸했었기에 반가웠습니다. 그런데 그동안 자신이 너무나 큰일을 겪었노라며 원에서 일어났던 일을 이야기해주었습니다. 그 이야기를 들으면서 뭔가 형용할 수 없는 감정이 솟구쳐 올랐습니다. 아이의 부모님과 가족에 대한 이야기였습니다.

한 여자아이가 놀다가 사물함 위에서 떨어져 코뼈가 부러지고 30여 바늘을 꿰매는 대형사고가 났습니다. 아이는 피가 철철 났고 응급실로 실려 갔습니다. 너무 놀라서인지 아이는 눈을 뜨지 않았다고 합니다. 부모가 달려왔습니다. 여기까지는 보통 아이의 다친 상황을 그대로 말해준 것이었습니다.

부모가 오시고 난 다음을 이야기할 때 저도 그 원장님도 울컥했습니다. 아이의 상처가 생각보다 심했기에 담임과 원장의 입장에서 부모의 얼굴을 보기가 너무나 힘들었는데, 부모님이 달려오시고 난 다음에 오히려 원장과 담임은 마음을 편하게 가질 수 있었다고 합니다.

아이가 수술을 하고 있는 과정에 아이의 할아버지가 병실 앞에 계셨는데, 할아버지가 아이의 담임선생님을 찾더랍니다. 마침 담임

선생님이 안 계셔서 원장이 제가 원장이라며 죄송하다는 말씀을 드렸더니 할아버지가 "이런 일로 기죽지 말아요. 아이한테 일이 생긴 것은 아이가 잘못해서이고 어쩔 수 없이 생긴 일이니 걱정하지 말아요. 다른 아이들을 위해서라도 절대 기죽으면 안 됩니다."라고 얘기해주더라는 것입니다.

아이의 엄마, 아빠 역시도 그동안 겪었던 학부모님들의 모습과 비교가 되게 너무 침착하게 아이의 수술과정을 지켜보면서 무한한 인내심을 보여줄뿐더러 오히려 눈을 안 다친 것만 해도 다행이라고 말해주어 더욱 미안해하고 있었는데, 할아버지가 그런 소리를 하시니 목이 메어 말이 안 나오더라는 것이었습니다.

다행히도 수술이 잘 끝나고 입원 기간 동안 아이를 보러 병원에 갔을 때 아이의 엄마는 선생님에게 에너지를 아꼈다가 다른 아이들한테 사용하시라고, 여기는 우리가 있으니까 괜찮다고 하셨다는 것입니다.

할아버지와 부모가 모두 교회에 다니는 분들로 할아버지는 주일학교 교사를 40년간 하신 분이라고 했습니다. 그 말을 들으면서 우리는 서로 이런 말을 했습니다. "아무리 믿음이 좋아도 이렇게 믿음을 행동으로 실천하는 사람은 지금까지 한 번도 보지 못했던 우리가 아니겠느냐? 정말 어떻게 이런 학부모님이 계실 수 있을까? 이런 사고가 나면 모두 결과에 대한 책임론만 부각시키면서 너무나 마음에 큰 상처를 남겨주는데 이런 부모님이 계시다니…… 이런 학부모님들 때문에라도 우리가 아이들에게 무한책임을 갖고 우리의 일을 하도록 해야 하지 않겠는가?"라고 말입니다.

아이는 퇴원하고 며칠이 되지 않아 등원했다고 합니다. 자신이 사물함에서 놀다가 떨어졌지만 아픈 기억 때문에 엄마의 손을 꼭 잡고 놓지 않는 아이를 엄마가 침착하게 설득해서 원으로 보내는 모습을 보면서 또 한 번 그 엄마에게 감동받았다고 합니다. '엄마가 어쩌면 저렇게 침착하게 아이를 설득할 수 있을까?'라는 생각이 들었다는 것이지요.

아이가 다친 것이 일부러 그런 것이 아니니까 상처가 잘 치료될 수 있도록 서로 힘을 다하자는 마음이 통했기에, 의사의 말에 따라 지금도 치료 중에 있다고 합니다. 그리고 이번 일을 통해서 정말 느낀 것이 많았다고, 새로운 인생을 사는 기분이라고 그 원장님이 말했습니다.

아이가 다치면 절대 침착하게 행동하지 못하며 작은 상처에도 안절부절못하는 것이 부모입니다. 특히 10년 전과 요즘은 달라도 너무 다르기에 유치원이나 어린이집에서의 안전사고에 대한 대비는 부모보다 더하면 더했지 덜하지 않습니다. 그럼에도 요즘에는 대부분의 안전사고가 아이 자신에 의해 일어납니다. 대부분 놀다가 일어나는 일로 큰 사고가 아닌 경미한 경우가 많기에 조금만 상대방의 입장을 헤아린다면 서로 마음 편하게 넘어갈 수 있는 일들이 많습니다.

위의 부모가 너무나 대단하고 위대하게 보였던 가장 큰 이유는 바로 여기에 있습니다. 그 원장이나 저나 현장에서 직접 목격한 부모님들의 모습은 절대 그렇지 않았습니다. 만약 이렇게 크게 아이가 다친 경우라면 쉽게 그 일은 해결되지 않고, 우여곡절 속에 마음의 상처를 받아 교사는 제대로 담임 수행을 하지 못하고 끝내 그만두게 되는 경우가 대부분입니다.

그런데 이 부모님은 달랐습니다. 그래서 원장은 그 부모 앞에서 고개를 들 수 없었다는 것입니다. 이를 계기로 그동안 잊어버리고 있었던 책임감과 사명감에 대한 의미가 더욱 크게 다가왔기에 그 원장은 10년 경력이 무색하게 지금 새로 태어난 기분으로 유치원을 운영할 것이라 다짐했다고 합니다.

뜻밖에 걸려온 전화 한 통이 저로 하여금 많은 생각을 하게 했습니다. 조부모가 아무리 진심으로 아이를 돌보아주어도 아이가 한 번 다치면 '애 봐준 공 없다'고 말하는 것이 요즘 세상입니다. 며느리가 무서워서, 딸이 무서워서 아이를 보아주고 싶지 않다는 말을 하기도 합니다. 가족과의 관계에서도 이런 마음이 드는데 하물며 교사의 입장은 어떻겠습니까? 예전에 저는 학부모님들께 이렇게 말했습니다.

"아이들하고 놀다 보면 이런 일 저런 일 많이 일어날 수 있습니다. 물론 다칠 수도 있지요. 그런데 아주 큰 사고가 아니라면, 아이들과 놀면서 일어난 일들은 웬만하면 상대방의 입장이 되어 이해해 주셨으면 좋겠습니다. '애 봐준 공 없다'는 말 있지요? 교사들은 그 반에서 아이가 한 명 다치면 굉장히 위축되고 속상해합니다. 그럴 때 부모의 말 한마디가 교사에게는 큰 힘이 되고 위로가 됩니다.

병원에서 치료가 가능하고 며칠이 지나면 상처가 아물고, 또 아이들끼리 놀다가 부딪치거나 꼬집히거나 한 경우라면, 아이를 사회에 내보낸 이상에는 너무 전전긍긍하지 않으셨으면 좋겠습니다. 그래야 저희도 마음 놓고 아이를 돌보고 활동하지 않겠습니까? 물론 그렇다고 해서 안전을 소홀히 한다는 뜻은 절대 아닙니다. 활동이 많은 아이들인데 다칠까 봐 못 놀게 하고, 돌아다니지 못하게 하면 그건 아이를 고문하는 것과도 같으니까 드리는 말씀입니다."

입학식, 오리엔테이션 때 항상 했던 말입니다. 그런데 불과 2~3년 전부터 이렇게 구체적으로는 말하지 않았습니다. 아무리 얘기를 해도 아이의 조그만한 상처에 너무나 예민하게 반응하는 부모님들이 늘어나고 있기 때문입니다.

한두 명의 문제가 아님을 알기에 부모님의 생각을 바꾸기보다는, 교사들이 좀 더 철저하게 아이들을 보살펴 작은 상처 하나도 나지 않도록 각별히 주의하라고 교육시키는 것이 낫겠다는 생각이 들었기 때문입니다. 그리고 지금도 그 교육은 변함없이 매번 지속되고 있습니다.

세상 한쪽에서는 교사가 아이들에게 잘못한 행위로 인해 많은 사람들이 분노하고 상처를 입는 일도 있지만, 대다수의 교사들은 그런 일 때문에 너무나 힘들게 아이들을 위해 희생하고 헌신하면서도 그 공을 제대로 인정받지 못합니다. 이러한 현실이 원장으로서 안타까울 뿐이었습니다. 그리고 '다르다'와 '틀리다'에 대해 꼭 한번 말씀 드리고 싶었습니다.

담임을 평가하는 잣대가 모두 다를 뿐이지 틀린 것은 없습니다. 하지만 나와 다른 생각을 갖고 있다고 해서 그 담임이 틀렸다고 생각한다면, 아무리 훌륭한 교사일지라도 그 상황을 이겨내는 것은 쉽지 않습니다. 교사들의 마음이, 교사들의 하루가 일반 직장인과는 다르기에 부모님들이 조금만 교사의 입장에서 바라보셨으면 좋겠습니다.

'과연 지금 내가 하는 말이, 행동이, 또 내 요구가 너무 내 입장에서만 하는 것은 아닌가?'라는 생각을 조금씩 가져달라는 부탁을 감히 해봅니다. 부모님들이 아이를 가르치는 교사의 마음을 헤아려 교사가 감정노동자가 아닌, 적어도 우리 교사들만큼은 '이게 내 천직이야. 나는 정말 교사가 되길 잘했어'라는 생각을 가질 수 있도록 해주신다면 그것보다 더 큰 선물은 없을 것입니다.

희생과 인내 없는
사랑은 없다

아이들은 모두 이방인이다.
-랠프 월도 에머슨

'세상에 태어나서 아이는 일곱 살이 될 때까지 평생 해야 할 효도를
다 한다.'

일곱 살이 지나고 나면 아이들은 부모에게 근심 걱정을 안겨주는
일을 많이 하지만, 아이가 어렸을 때 많은 행복을 주었기에 그것으
로 충분한 역할을 했다고 생각하라는 의미입니다. 사실 그 말에 저
도 가끔은 위로를 받았습니다. 자식 키우면서 속상하지 않은 부모가
어디 있겠는가마는 아이가 어릴 적 생각을 하면 슬며시 미소가 지어
지고 행복했던 기억이 떠오르면서 '그래. 그때 그랬었지. 지금은 나를

이렇게 힘들게 하지만 그때는 참 착하고 귀여웠어. 에휴, 내가 참아야지. 미우나 고우나 내 자식인데 내가 지금 화낸들 그때 그 모습이 돌아올 것도 아니고……' 이렇게 체념 반 푸념 반 포기할 때도 있었습니다. 비단 저뿐만이 아니라 세상의 모든 부모들은 이렇게 아이 때문에 웃다가 울다가 하면서 아이와 더불어 성장하게 됩니다.

과거보다 훨씬 더 아이에 대한 애착이 강한 요즘 부모들을 보면서 가끔은 걱정이 될 때도 있습니다. 아이를 너무 지나치게 소유하려고 하는 것은 아닌지 걱정이 됩니다. 아이는 자라면서 부모 품을 떠나게 마련입니다. 마냥 부모의 뜻대로 되지는 않습니다.

유아기의 아이는 품 안의 자식이지만, 초등학교에 가면 이제 내 자식이란 관점이 아니라 홀로서기를 해야 하는 사회인으로서 훈련을 시켜주어야 합니다. 부모가 거시적인 안목으로 자식을 보지 않고 미시적인 안목으로 볼 때 자녀의 사회성은 다른 아이에 비해 현저히 뒤질 수밖에 없습니다.

자식을 사랑하는 마음이 소유하려는 집착은 아닌지, 그리고 나는 과연 내 자식을 얼마나 담대히 사회 속으로 내보낼 수 있는지, 부모라면 늘 자신을 점검할 수 있어야 합니다. 부모는 대범해야 합니다. 그리고 강해야 합니다. 늘 내 품에서 자식을 떠나보낼 준비를 하고 있는 부모야말로 자식을 더 큰사람으로 키울 수 있습니다.

'자식은 부모의 뒷모습을 보고 자란다'라고 했습니다. 부모가 약속을 잘 지키고 부모의 가치관이 확실하고, 부모가 남을 배려하고 감사할 줄 알며 책임감이 강하고 규칙을 잘 지키면 자식은 가르쳐 주지 않아도 부모의 행동을 그대로 따라 합니다.

저는 우리 부모님들이 자식을 훌륭하게 잘 키우기를 바랍니다. 그렇기에 현장에서 동분서주하면서 부모님들과 함께 동고동락하는 것을 서슴지 않고 있습니다. 또, 좋은 말만 하면 좋겠지만 우리 아이들이 잘되기를 바라고 있기에 입에 쓴 약도 조금씩 드리고 있습니다.

인생에는 오르막길과 내리막길이 있습니다. 마치 계절의 변화와 흡사합니다. 인생에서 일어나는 모든 일은 땅에게 물어보면, 또는 농부에게 물어보면 그 답을 들을 수 있을 것 같습니다.

'농사를 짓는다'는 것은 씨를 뿌려서 가꾸고 거두고 쉬고 다시 시작하는 순환의 연속입니다. 따라서 어떤 한 계절만 영원히 지속되지 않습니다. 내가 가을을 좋아한다고 해서 가을에만 농사를 지을 수는 없습니다. 마찬가지로 내가 봄을 좋아한다고 해서 봄에만 농사를 지을 수 있는 것은 아닙니다. 계절 역시도 마찬가지입니다. 겨울이 끝없이 계속되는 것은 아니며, 여름에 무섭게 휘몰아치는 태풍과 비바람도 시간이 흐르면 어느덧 멈추게 됩니다.

인생에서 우리가 현재 고난을 겪고 있는 일이 있다면, 그 고난이 나의 전부라는 생각을 해서는 안 됩니다. 고난이 있다고 해서, 고통스럽다고 해서 다가올 봄을 포기할 수는 없습니다. 우리에게는 추운 겨울만 있는 것은 아니며 걷잡을 수 없는 태풍만 있는 것 또한 아닙니다.

따라서 그 계절이 지나가기만을 기다린다면, 그리고 그 계절의 길목에서 내가 해야 할 일을 찾는다면 사계절의 변화를 만끽하듯, 농부가 농사짓는 기쁨을 느끼듯 그렇게 인생에서도 꽃을 피울 날이 있음을 믿어야 합니다.

우리가 사는 삶을 가만히 들여다보면 고통과 즐거움으로 양분됩니다. 어떤 사람에게는 삶이 너무 고통스럽고 지루하지만 어떤 사람에게는 삶이 즐겁고 행복합니다. 생각의 차이, 가치관의 차이에 따라서 우리의 인생은 그렇게 구분되어진다는 뜻입니다.

한 가지 예로 테레사 수녀의 삶을 본다면, 그녀는 사람들을 진심으로 사랑했습니다. 그렇기에 다른 사람들이 고통스러워하면 자신도 고통을 느낀다고 생각합니다. 그래서 그녀는 선택했습니다. 고통에 동참하는 것이 자신이 해야 할 일이며, 그렇게 할 때 자신의 고통도 함께 사라지므로 고통에의 동참을 그대로 실천하기로 말입니다.

테레사 수녀는 삶의 가장 중요한 의미를 콜카타의 형편없는 빈민가에서 찾았습니다. 그녀는 그곳에서 가치 있게 선택한 기쁨의 행동을 하기 시작했습니다. 지저분한 오두막으로 찾아가서 콜레라와 이질에 시달려 야윈 유아들과 어린이들을 보살피기 위해 무릎까지 빠지는 더러운 하수구와 오물을 건너는 일을 했습니다.

그녀가 강하게 끌린 것은 다른 사람들이 고통에서 헤어날 수 있도록 도와주는 것이 자신의 고통을 줄여준다는 점이었습니다. 또, 그러한 사람들이 더 나은 인생을 살 수 있도록 도와주는 것, 즉 그들에게 즐거움을 주는 것이 자신을 즐겁게 한다는 점이었습니다. 그녀는 '선'을 다른 사람과 함께 정을 나누는 것이라고 정의했으며, 그렇게 사는 것이 자신의 삶을 가장 가치 있게 하는 것이라고 했습니다.

그녀가 사는 삶의 방식은 감히 그 누구도 따라 할 수 없는 것이기에 그녀는 성자와 같은 대우를 받아도 마땅했습니다. 가끔씩 삶이 고달프다고 느껴질 때, 그리고 '왜 나한테만 이렇게 힘든 일이 생기느냐?'는 질문을 하고 싶을 때 '다른 사람은 어떻게 살고 있는지, 또는 어떻게 살아왔는지' 관심을 갖는 것도 좋은 방법입니다.

고난과 역경을 딛고 사회와 국가에서 기업가로, 리더로 살아가고 있는 사람들의 이야기를 결코 남의 이야기로만 받아들여서는 안 될 것입니다. 극한 상황에서, 죽음을 선택해야 할 상황 속에서, 다시 삶이란 끈을 잡기까지 그들이 겪어야 했던 수많은 스토리들은 충분히 '나'를 돌아보게 하는 가치가 있는 이야기들입니다. 이들을 통해서 현재 나의 인생의 나침반이 제대로 돌아가고 있는지 스스로 점검해 볼 필요가 있습니다. 가끔씩 이렇게 의도적으로 하는 의식들은 인생에 충분히 많은 도움을 줄 것입니다.

참으로 반가운 문자를 받았습니다. 이름 모를 독자에게서 온 문자였습니다. 저의 책《당신이 살아온 기적이 누군가에게 살아갈 기적이 된다》를 읽고 서평이벤트까지 참여했다고 합니다. 책을 읽곤 워킹맘으로서 감사하다는 문자를 보내왔습니다. 그리고 앞으로 좋은 책 써달라는 말과 기대한다는 글도 함께 보내왔습니다. '1년에 한 권씩은 꼭 책을 쓰겠다'라는 저의 목표가 상실되지 않도록 이렇게 보이지 않는 곳에서 저의 목표를 상기시켜주시는 분께 감사했습니다.

제가 하고자 하는 일에 대해 동기부여를 해주는 사람들은 항상 아이들과 엄마들입니다. 어쩌면 아이들과 아이들의 부모는 제 삶의 일부가 아닌, 전체라고 해도 과언이 아닙니다. 그들의 삶 속에 내가 있고 내 삶 속에 그들이 있기에 "바쁘시지요?"라는 인사를 들을 때마다 "가장 중요하게 생각하는 일을 하고 있기에 바쁘다는 표현은 어울리지 않습니다."라고 말하곤 합니다. 정말 반드시 해야 할 일이기에 그렇게 답변하는 것이 일상화되었습니다.

손자가 태어나서 50일을 조금 넘겼을 무렵 아들과 며느리가 조심스럽게 저한테 요청을 합니다. 여름에 친구들과 휴가 계획을 잡았는데 아이를 보아달라는 부탁이었습니다.

"모유를 먹이는 아이인데 과연 그게 가능하겠니? 백일이나 지나면 모를까. 백일도 안 된 아이를 떼어 놓고 휴가 계획을 어떻게 세우니?"

"요즘에는 50일만 넘으면 다 데리고 다녀요. 저희도 데리고 갈까 생각도 했는데 아무래도 데리고 가면 문제가 있을 것 같아서 장모님한테 말씀 드렸더니 하루는 보아주신대요. 그래서 엄마가 하루를 보아주면 될 것 같아서요."

"하루, 이틀이 문제가 아니다. 이제 백일도 되지 않은 아이 아니니? 말귀를 알아듣기를 하니? 업어줄 수 있기를 하니? 울면 오로지 엄마 젖을 필요로 하고 엄마 가슴에 안겨서 자야 할 아이인데 낮에는 그렇다 치자. 밤이 되어서 잠을 안 자면 그때는 어떻게 할 거니? 세상이 좋아서 유축을 해 놓고 젖을 먹인다고 해도 그게 다가 아니란다. 내가 다른 것은 다 들어주겠는데 이건 아닌 것 같구나. 아직 시간이 있으니 한번 생각해보자. 지금처럼 잠투정을 하면 장모님도 보아주신다는 말씀을 못 하실 거다."

이렇게 대화를 나눈 뒤 시간이 제법 흘렀습니다. 아이는 이제 두 달이 지났습니다. 잠투정에서 약간 벗어난 듯해서 다행스럽다고 생각하고 있을 즈음에, 아이는 정말 예상한 대로 울었다 하면 누구도 말릴 수 없을 정도로 엄마만 찾는 아이가 되었습니다.

잠을 자다 뒤척이며 우는 것을 재워보려 해도 엄마가 안아야 다시 잠들곤 합니다. 모유를 먹이는 아이들은 단순히 '엄마 젖을 먹는다'는 차원에서 그치는 것이 아니라 엄마의 냄새, 엄마의 체온, 엄마의 느낌을 그대로 느끼면서 모유를 먹습니다. 그래서 놀 때와 잘 때는 영 딴판의 모습을 보이게 되는 것입니다. 그러던 차에 최근에 다시 한 번 여름휴가 얘기가 나왔습니다.

저는 며느리에게 물어보았습니다.

"아직도 네 생각에는 변함이 없니?"

"아니요. 이제 저는 아기 떼어 놓고는 어디 못 갈 것 같아요. 애가 나만 찾고, 잠깐 친정에 놔두고 외출할 때도 아기 생각 때문에 오래 밖에 있지 못하겠어요. 그래서 안 가려고요. 오빠 혼자 다녀오라고 할 거예요. 아기를 데리고 가도, 가는 곳이 섬이기에 불안해서 안 되겠어요."

"그래. 이제 엄마 다 되었구나. 당연히 엄마는 그래야 하는 거야. 어른들의 잘못 중 하나가 충분히 아이의 입장을 고려하지 않는다는 거야. 애초부터 아이를 데리고 갈 생각을 했다면 섬이 아니라 시설과 주변 환경을 고려했어야지. 어떻게 자신들 놀기 좋다고 섬으로 정하니? 말 못하는 아기가 모기에라도 물리고, 밤에 열이라도 나면 그때는 어떻게 하려고. 지금이라도 네 생각이 그렇다니 다행이다."

다행히도 며느리는 모성애가 발동되어 이제 아이를 떼어 놓고는 어디든 가지 않겠다고 했습니다. 예전 같으면 상상도 하지 못했을 일이 요즘은 비일비재하다고 하니 저로서는 그저 묵묵히 들어줄 일도 많습니다. 그러나 '안 되는 것은 안 된다'라고 말하는 어른이 집에 있어야 한다는 것도 함께 느낍니다. 젖몸살이 심하게 온 며느리도 저에게 이런 말을 합니다.

"어머니! 만약에 제가 따로 살았으면 당장 젖을 끊었을 거예요. 제가 아프다는 핑계로요. 지금 용케 참고 있는 것은 어머니 때문이에요."

젖몸살이 심할 당시 며느리는 저에게 언제까지 젖을 먹이면 되느냐고 아이처럼 물어보았습니다.

"최소한 6개월은 먹여야 되지 않겠니? 그래야 엄마 젖 먹었다고 할 수 있지."

그것이 요즘은 6개월~1년은 먹여야 하는 것으로 가이드라인이 정해졌습니다. 그랬더니 며느리가 저에게 애교 섞인 투정을 합니다.

"지난번에는 6개월만 먹이면 된다고 하시더니, 1년까지 가야 돼요?"

이때 시아버지가 점잖게 한마디 해주었습니다.

"나중에 아이한테 해줄 말이 많으려면 '엄마가 아이를 위해서 힘든 것도 참았다'라는 일들이 있어야 하는 거란다. 쉽게 아이를 키웠다고 하면 나중에 아이한테 떳떳한 엄마가 되지 못하는 거야."

지혜롭고 현명한 시어머니와 며느리가 만난다면 한집에서 살아도 그리 나쁜 일은 아닐 것 같습니다. 서로의 문화적인 차이도 이해하면서 며느리는 며느리대로 엄마가 되는 법, 어른이 되어가는 법을 배우게 되니 일석이조라고 할 수 있지요.

자식이 신생아 때부터 부모 역할이 무엇인지를 아는 엄마가 되어야 함을 가르쳐주고 싶었습니다. 그냥 젖만 먹이고 분유만 먹인다고 해서 엄마가 되는 것이 아니라는 것을 말입니다. 엄마가 되는 과정 속에서 아이와 느끼는 교감이 무엇인지를 알아가는 엄마, 그리고 그 아이가 나에게 요구하는 것이 무엇인지를 알아가는 엄마, 또 어느 정도 큰 다음에는 아이가 사회에 나가서 당당한 사람이 될 수 있도록 이끌어주는 엄마가 되기를 요구합니다.

이는 저와 세상의 모든 엄마들이 해야 할 일입니다. 그래서 저는 오늘도 며느리에게 '엄마 역할'이 무엇인지 하나씩 둘씩 이야기해줍니다. 50일 여행, 100일 여행 등 젊은 엄마들은 하고 싶은 것이 참 많습니다. 하지만 아이를 위해서 참아야 할 것은 참아야 합니다.

아이를 키우는 엄마가 담배를 피우는 것은 하지 말아야 할 일입니다. 그것은 참는 차원이 아니라, 엄마가 담배를 피우는 모습을 보면서 자란다는 것은 아이한테는 말 못 할 고통을 안겨주는 것과 같습니다.

부모의 뒷모습을 보고 자라야 할 아이가 보는 것이 그런 것이라면 아이는 불행한 부모를 만난 것이며, 이다음에 아이로부터 어떤 말을 들을지라도 부모로서 떳떳하지 못하다는 뜻입니다. 여자는 엄마가 될 것이기에, 엄마가 되기로 작정했다면 아이한테 해롭다는 것은 당연히 하지 말아야 마땅합니다. 그럼에도 길거리에서 버젓이 담배를 피우는 여자들을 보면, 또 엄마가 된 사람들 중에서도 담배를 피우고 아이한테 담배 심부름을 시키는 엄마들을 보면 화가 나고 속상하고 안타까울 따름입니다.

아이를 당당하고 떳떳하게 키우고 싶다면 엄마 먼저 당당해져야 합니다. "내가 너 자랄 때 이렇게 했었다."라는 말을 자랑스럽게 해줄 수 있어야 합니다. 가끔씩 부모는 잘해주었다고 생각하는데 아이는 받은 게 없다고 할 때, 앞이 캄캄해지고 막막한 심정이 듭니다. 그럴 때 부모로서 확신이 있고 신념에 찬 소리로 아이에게 그 말이 얼마나 잘못된 말인지를 깨닫게 해야 합니다. 그런 부모가 틀림없이 아이를 잘 키운 것입니다.

'나이아가라 증후군'이라는 말이 있습니다. 이는 강줄기를 따라

가며 바로 눈앞에서 부딪칠 것 같은 바위에 대해 생각하는 동안, 저 멀리 있는 폭포를 생각하지 못해, 결국 추락을 피할 수 없게 된다는 이론입니다.

자식을 키울 때도 마찬가지입니다. 우리는 바위만을 생각해서는 안 됩니다. 저 멀리 있는 폭포까지 생각하면서 자식을 키워야 합니다. 그래야 추락을 피할 수 있습니다. 현재 눈앞에 보이는 모습이 다는 아닙니다. 그것만으로 자녀를 양육하려고 한다면, 아이들은 결국 폭포수를 피할 수 있는 능력을 키우지 못하게 됩니다. 부모 역시도 그렇습니다. 바위를 간신히 피하고 나면 또 다른 물줄기가 강하게 나를 때릴 것임을 생각하는, 먼 미래를 보고 자녀를 교육시키는 부모가 현명한 부모입니다.

엄마도 아이도
행복하게 성장하는 법

교육의 목표는 지식의 증진과 진리의 씨뿌리기다.
-J. F. 케네디

어른의 감정과 아이들의 감정은 정말 다릅니다. 엄마는 아이와 아침에 전쟁을 치르고 나면 하루 종일 그것 때문에 마음이 편치 않지만, 아이는 자신의 감정을 선생님한테 얘기하든가 친구들과 노는 것으로 엄마와의 아침일은 아예 잊어버리게 됩니다. 엄마가 아이 때문에 받는 스트레스는 상상에서 비롯된 것이 더 많을 수도 있습니다.

다섯 살짜리 아이가 '아빠하고 그냥 즐겁게 놀고 왔구나'라고 생각하면 아무런 문제가 일어나지 않지만, '너한테 아빠가 뭐라고 했니? 집에 누가 있었니? 너한테 뭐라고 한 사람은 없니?'처럼 아이가 눈만 껌뻑껌뻑할 만한 질문을 엄마들은 상상 외로 많이 합니다.

비단 이런 경우만 아니지요. 그냥 넘어가도 될 일을 아이한테 꼬치꼬치 캐물어서 '우리 엄마는 참 피곤한 사람'이라 생각하며 엄마와의 대화를 조금씩 줄이는 아이들도 있습니다.

만약 우리 아이가 말을 참 많이 하는 아이였는데 어느 날부터인가 엄마 질문에 단답형으로 대답한다든지, 짜증을 낸다든지, 부정형으로 말한다든지 한다면 한 번쯤은 '내가 지금 아이와 관계를 잘 맺고 있는가? 내가 지금 아이와 대화를 잘하고 있는 것인가?' 생각해봐야 합니다.

어른이나 아이나 누구에게나 감정이 있습니다. 그런데 아이들이 생각할 때 어른들은 어른들한테만 감정이 있다고 착각하는 것 같습니다. 그러다 보니 아이들은 엄마 아빠가 좋으면서 한편으로는 엄마 아빠 때문에 받는 스트레스를 감당하지 못합니다. 그것에 대한 표현 방법으로 '욱'한다든가, 예민한 모습을 보인다든가, 심술을 부리거나 이해할 수 없는 행동으로 엄마를 힘들게 하는 것입니다.

어른들은 스트레스를 받으면 어른만의 행동으로 풀 수 있지만, 아이들은 스트레스를 받으면 이유 없어 보이는 행동으로 엄마를 힘들게 하는 것 외에는 달리 스트레스를 풀 방법이 없습니다. 그런 행동을 할 때마다 아이들은 마음속으로 이렇게 외칩니다.

'나 지금 너무 속상해요. 왜 엄마 아빠는 내 마음을 몰라줘요?'

아이가 이렇게 말하고 있다고 생각해보세요. 그럴 때 아이의 감정이 가라앉을 때까지 기다려주는 연습을 반복하게 되면 아이도 조금씩 변화하게 됩니다.

'엄마가 행복해야 아이가 행복하다!'

이 말은 아이에게 진리입니다. 아이와 감정싸움이 시작되려고 할 때 아이의 탄생 순간을 떠올리며 초심으로 돌아가 아이를 포용하고 수용해야 합니다. 그리고 '나는 엄마니까, 나는 아빠니까'라는 여유 있는 뒷심으로 마무리하시면 그런 엄마 아빠 덕분에 아이는 무척이나 행복한 아이로 자라게 될 것입니다.

매일 무척 힘들고 바쁜 하루를 보내시는 워킹맘이라 할지라도 가사 일부터 하지 마시고, 일단 아이와 먼저 30분만 대화해주세요. 일의 우선순위를 바꾸면 아이들은 더욱 행복해집니다.

《세계 최고의 학교는 왜 인성에 집중할까》라는 책을 단숨에 읽으면서 '교육의 본질'에 대해 깊게 생각해보는 시간을 가졌습니다. 미국에서 대표적인 명문고로 꼽히는 필립스 엑시터 아카데미에서 이루어지는 수업 광경은 '이것이 교육이다'라고 말해주고 있었습니다. '인성을 갖춘 인재를 키우는 것이야말로 진정한 교육이다'라는 것을 커리큘럼에 그대로 적용하고 있었습니다. 이 학교의 교육 이념의 핵심은 인성이었습니다. 이 학교 졸업생들은 단지 명문고 출신이라는 학벌을 가졌기에 사회에서 인정받은 것이 아니었습니다.

학교 설립자인 존 필립스는 1781년 필립스 엑시터를 세우며 재산 기부 증서에 이렇게 썼다고 합니다.

"교사의 가장 큰 책임은 학생들의 마음과 도덕성에 주의를 기울이는 것이다. 지식이 없는 선함은 약하고, 선함이 없는 지식은 위험하다. 이 두 가지가 합쳐져 고귀한 인품을 이룰 때 인류에 도움이 되는 토대가 마련될 수 있다."

'지식이 없는 선함은 약하고 선함이 없는 지식은 위험하다'는 말이 왜 그렇게 가슴에 와 닿았는지 몇 번이고 이 글을 되새겼습니다. 그리고 또 다른 구절을 읽으면서 이 부분은 전문을 소개하고 싶다는 생각이 들었기에 문장을 그대로 옮겨봅니다.

"하버드의 캠퍼스에는 여러 개의 출입구가 있는데 그중에서도 나는 '덱스터 게이트'라는 작은 문을 좋아했다. 이 문은 캠퍼스로 들어가는 방향으로는 '들어가서 지혜를 키워라'라고 쓰여 있고, 밖으로 나오는 방향으로는 '나가서 나라와 인류를 섬기라'라고 쓰여 있다. 한마디로 '다른 사람들에게 기여하기 위해 배워라'라는 것이다. 하버드와 필립스 엑시터는 같은 교육철학을 공유하고 있는 셈이다.

미국에는 '능력 때문에 당신을 고용했지만 인성 때문에 당신과 일할 수 없다'라는 말이 있다. 취직은 높은 학점이나 자격증만으로도 가능할 수 있지만 인성이 문제가 되면 회사생활을 지속할 수 없다는 뜻이다. 인격이 형성되는 청소년 시기가 중요한 것도 이 때문이다.

필립스 엑시터는 전인교육, 인성교육을 통해 학생들을 세상에 유익함을 줄 수 있는 사람, 다른 사람들을 위하며 사는 사람으로 성장시키는 것을 최고의 목표로 삼고 있다. 그래서 학생들에게 엘리트주의와 우월감을 경계하고 배려와 봉사를 실천하도록 지도한다."

인성교육의 부재에 대해 학교는 책임을 피할 수 없습니다. 하지만 교사에게 모든 책임을 떠넘길 수는 없습니다. 하루 24시간 중 부모와 함께하는 시간이 가장 많은 아이들이지만 가장 대화가 부족한 관계 역시 부모라는 것을 생각할 때 정말 아이러니하지 않을 수 없습니다.

자녀들에게 국가관, 역사관, 삶의 가치관 등을 심어주는 것이 과연 교사가 해야 할 일인지, 아니면 부모가 해야 할 일인지 부모로서 한 번쯤 생각해보아야 한다는 분위기가 형성되었습니다.

자식이 살아보지 않았던 과거를 얘기해주는 데는 부모보다 더 좋은 교사가 없습니다. 자식들이 그 많은 과거의 이야기들을 과연 누구로부터 듣기 원했는지 헤아려보아야 할 것입니다.

중학교 3학년 학생과 대화를 나눌 일이 있었습니다. '미래에 국사 선생님이 되겠다'는 꿈을 갖고 있는 이 친구는 한국사에 능통하며 해박한 지식을 갖고 있었습니다. 또래 아이들에 비해 성숙한 생각을 갖고 있고 인성 또한 또래 아이들의 반항적인 모습과는 비교가 되지 않았습니다. 무엇보다 옳고 그름에 대한 정확한 판단 기준을 갖고 행동하는 모습이 인상적이었습니다.

그 학생에게 나는 "왜 한국사를 배우느냐?"라고 질문해보았습니다. 그런데 그 친구는 한 치의 망설임도 없이 이렇게 대답했습니다.

"네, 요즘 학생들이 너무 역사의식이 없는 것 같아 안타깝기도 하고 왜곡된 의식을 바로잡아주고 싶어서요. 국가가 있어야 우리가 있는 건데 있는 것도 부정하고 아니라고 하고 비판만 하는 모습을 바로잡아주고 싶어요. 역사를 배우면 배울수록 우리나라에 대해 생각할 게 많아요. 우리나라 역사도 모르면서 우리가 배우는 학생이라고 할 수 있나요? 저는 꼭 좋은 국사 선생님이 되어서 학생들에게 우리나라의 역사를 바르게 가르쳐줄 거예요."

그러면서 이다음에 국사 선생님이 되어 학생들에게 국가에 대한 올바른 가치관을 심어주고 싶다는 포부를 밝혔습니다. 중3짜리 학생의 사고라기에는 믿기지 않았지만, 어찌 되었든 인성이 제대로 된 학생을 만난 것만으로도 아직 우리의 미래가 어둡지만은 않다고 생각했습니다.

'배움은 다른 사람들에게 기여하기 위해 배우는 것이다'라는 말만 자식들에게 잘 설명해주어도, 아니 그런 배움을 부모와의 대화를 통해 배워도 아이들의 인성교육은 충분히 제대로 이루어질 수 있습니다. 또, 배움 앞에서 학생과 교사는 완성형이 아니라 꾸준히 노력해야 하는 존재라는 말도 새겨볼 일입니다.

필립스 엑시터의 교사들은 '교육은 가치를 전하는 일'이라는 것을 이해하고 '교사라면 학생을 사랑하는 마음부터 뿌리 깊이 가져야 한다'고 믿고 있으며, 선생님을 '학생을 돕는 조력자이자 배움의 장을 함께 경험하는 동반자'로 받아들인다, 라는 말이 참으로 인상 깊었습니다.

자녀들에게 올바른 문화유산을 남겨주는 것은 재능 교육에 투자한 그 이상의 가치를 건질 수 있게 합니다. 자녀들에게 올바른 역사관과 국가관을 심어주는 것은 평생 자녀가 긍정적이고 행복하게 살아갈 수 있게 하는 방법을 가르쳐주는 것과도 같습니다. 교육은 어떤 상황에서든 자신의 꿈을 포기하지 않도록 만드는 역할을 하는 것이며, 그 꿈과 함께 수반되어야 하는 것이 인성임을 제대로 전달할 때 참된 교육의 가치를 실현해나갈 수 있을 것입니다.

'자식을 잘 키워야 한다'는 생각은 모든 부모가 갖고 있습니다.

그러나 '무엇을 어떻게 하는 것이 잘 키우는 것인가?'에 대한 답은 모두가 다릅니다. 독서 감상문을 가르칠 때는 '터 다지기'를 제일 먼저 가르쳐줍니다.

독서 감상문을 잘 쓰기 위해서는 '책 내용을 이해하는 것이 중요하다. 그러기 위해서는 반복해서 여러 번 읽어야 한다'는 것이 터 다지기에 대한 내용이며, 이것은 독서 감상문의 기본이 되기도 합니다.

자식을 잘 키우기 위해서 우리도 터를 잘 다져야 합니다. 그것이 바로 '인성'입니다. 훌륭하게 잘 자라기를 바라면서 인성을 소홀히 한다면 당연히 부실한 집을 짓는 것이며, 부실한 집은 작은 충격에도 무너질 수밖에 없습니다.

교육의 핵심이 인성이 되어야 하는 이유는, 인성교육이 바로 부실한 집을 짓지 않기 위한 '터 다지는 작업'이기 때문입니다. 따라서 인재의 정의에 따라 교육의 방법은 달라지겠지만, 교육의 근본적인 목적은 자신의 유익보다 타인과 사회를 위하는 정신을 우선한다는 것을 늘 새길 수 있도록 해주어야 할 것입니다.

아울러 필립스 엑시터의 교육을 보면서 가르치는 사람으로서 굳게 다짐하게 된 것이 또 하나 있습니다. 교사의 역할이 학생들을 '가르치는 것'이 아니라 학생들이 '알도록 돕는 것'이라는 소중한 깨달음이었습니다. 또, 미래 교육의 가치는 이타적 품성을 기르는 인성교육에 있다는 것을 재삼 확인하게 되었습니다.

평소에도 티칭이 아닌 코칭을 하는 것이 교사의 역할이라고 생각해 왔지만, 더 나아가 코칭을 통해 알도록 도와주는 일에 더 헌신적이어야 한다는 생각을 갖게 되었습니다.

아이들의 미래는 어른들에게 달려 있습니다. 교사와 부모가 발 벗고 나서는 것이 그 어떤 사람들의 말을 듣는 것보다 훨씬 더 좋은 교육입니다. '왜?'라는 질문을 많이 던지는 부모일수록 자식과 대화할 일이 더 많아지게 될 것이며, 부모와 자식 간에 대화가 많으면 많을수록 터 다지기가 더욱 확실해질 것이라고 생각해봅니다.

인문학 특강 중에 "최고의 예술작품은 나의 삶이다."라는 말이 있었습니다. 이 말에 한 표를 던집니다. 때로 내 삶이 별 볼일 없다 생각하고 있다가도 스릴 넘치는 자신의 삶을 돌이켜보면 정말 기적 같은 일들이 얼마나 많이 일어나고 있는지 스스로도 깜짝 놀랄 때가 많이 있을 것입니다. 이런 경험을 해보지 않은 사람은 거의 없을 것입니다. 내 삶이 최고의 예술작품이라는 마음으로 살아간다면 좋겠습니다. 그러면 나의 정체성도 찾게 될 것이고, 또 예술작품 이전의 삶과 이후의 삶을 반추하게 될 것입니다.

요즘에는 부모가 아무리 자식을 잘 키웠다고 해도 자식이 밖에서 예기치 못한 사건과 사고를 일으키는 일들이 비일비재하게 일어나고 있습니다. 안에서는 잘 키웠지만 밖에서는 형편없는 모습을 보이는 것을 보고 '내 자식이 맞나?'라는 생각을 갖기도 하고, 자식 때문에 공든 탑이 무너지는 유명한 사람들을 숱하게 보고 있습니다.

그들의 이야기는 우리에게는 가십거리이지만 당사자인 부모에게는 뼈아픈 고통이 될 수 있으며, 그 고통스러움은 평생 치유되지 않을 수 있습니다. 이런 것을 볼 때 부모의 삶이 최고의 예술작품으로 승화되기 위해서는 자식을 잘 키워야 한다는 것은 두말할 나위가 없을 듯싶습니다.

자식은 나에게 행복을 주는 요소이기도 하지만, 내가 책임지고 이끌어가야 할 내 삶의 무게이기도 합니다. 무겁다고 해서 덜어서도 안 되며 버려서도 안 될 평생 갖고 가야 할 짐입니다. 그 짐을 무겁게 지고 갈 것인가 아니면 좀 더 편안한 방법으로 지고 갈 것인가에 대한 답은 부모 하기 나름입니다. 이런 사실을 좀 더 일찍 깨달아, 인성교육에 힘써주시기를 진심으로 바랄 뿐입니다.

어찌 되었든 잊지 말아야 할 것은 교육의 본질이며, 그 본질 속에서 가장 기본이 되는 것이 바로 인성이라는 것만 잊지 않는다면, 안에서는 멀쩡하고 밖에서는 사고를 치는 그런 자식을 맞닥뜨리지 않을 것만은 확실합니다.

스물여덟 번째
편지

워킹맘이냐 전업맘이냐를
고민하는 엄마들에게

자연계에서 인간과 야수의 차이점보다도 훨씬 더 큰 차이점은
사람과 사람 사이에서의 교육이란 것이다.
-존 애덤스

"남자에게는 이런 갈등이 없다. 직업인이 될 것이냐, 남편이 될 것이냐 같은 것 말이다."

이는 김순덕 〈동아일보〉 논설위원이 쓴 《마녀가 더 섹시하다》에 나오는 말입니다. 하지만 여자는 다릅니다. 여자는 엄마가 되는 순간, '워킹맘으로 살 것인가, 전업주부로 살 것인가' 갈등하게 됩니다.

'아내로 살 것이냐, 직업인이 될 것이냐'도 고민거리입니다. 지금은 어느 정도 '직업인으로서의 아내'가 보편화되어 있지만 아직도 그것은 여자에게 풀리지 않는 숙제처럼 다가오는 문제입니다. 때로는 전업주부의 삶이 옳은 것 같다가 아이를 다 키우고 나서 워킹맘으로 살지 않은 것을 후회한 경험이 있는 여자라면 한 번쯤 고민했을 것이고 앞으로 계속 고민해야 할 문제이기도 합니다.

아이가 태어나 '전업맘으로 살 것이냐, 워킹맘으로 살 것이냐'의 선택 앞에서 대부분의 기혼 여성들이 갈등에 빠지는 것은 여태껏 쌓아온 커리어와 경제적인 수입을 무시할 수 없기 때문입니다.

집과 회사를 오가며 바쁘게 살면서 일과 육아 모두 뜻대로 이루어지지 않을 때는 워킹맘으로 사는 것을 후회하게 되기도 합니다.

사실 여자가 두 마리 토끼를 다 잡는다는 것은 쉬운 일이 아닙니다. 따라서 이렇게 고민하는 사람들에게 이런 조언을 해주고 싶습니다.

"나는 무엇을 좋아하며 어떤 사람인가를 늘 생각하세요."

모 신문사 기자와 인터뷰를 했습니다. 그 기자가 저에게 이런 질문을 하더군요.

《당신이 살아온 기적이 누군가에겐 살아갈 기적이 된다》라는 책을 읽었습니다. 여성으로서 그 책을 보니 참 느끼는 게 많습니다. 책에 보니 아내, 엄마, 원장, 여자로 정말 바쁘게 사신 것이 눈에 보입니다.

만약 지금 이중에서 한 가지를 선택하라고 한다면 작가님은 어느 것을 선택하시겠습니까?"

저는 한 치의 망설임도 없이 이렇게 대답했습니다.

"원장입니다."

그 기자는 깜짝 놀라는 눈치였습니다. 사실 자신은 독신주의자라고 했습니다. 그 이유가 바로 저처럼 살 자신이 없기 때문이라고 합니다.

전업주부로 살면 자식들에게 모든 것을 다 잘해줄 것 같지만 자신의 어렸을 적을 보면 딱히 전업주부라고 해서 엄마 역할을 다 잘한다고 볼 수는 없을 것 같다는 것이었습니다.

어느 비 오는 날 우산을 안 가지고 학교에 갔는데 하굣길에 아이한테 우산을 가져다주기 위해 서 있는 엄마들 중에 자기 엄마는 없었다는 것이었습니다. 기자의 엄마는 자식이 원하는 것을 모두 들어준 엄마는 아니었다는 것이지요. 또, 자라면서 여러 가지로 전업주부로 사는 엄마와 갈등을 겪으면서 '꼭 이것이 다는 아니다'라는 생각이 들었다는 거예요.

그러다 자신은 '아이를 키울 만한 자격'이 안 되었다는 생각이 들어 태어난 아기를 고생시키느니 독신으로 살겠다는 생각을 가졌다는 것이지요. 그러면서 정말 궁금해했습니다. 모든 일 중에서 '원장'을 선택하게 된 배경이 무엇이냐는 것이었지요. 제 대답은 이랬습니다.

"모든 여자들이 기자들처럼 처음에는 다 결혼을 망설입니다. 전업맘이 되었든 워킹맘이 되었든 완벽한 여자는 없습니다. 하지만 그렇다고 해서 결혼을 하지 않겠다는 것이야말로 이기적인 생각이지요. 제가 원장을 선택한 이유는 제 삶에 동기부여를 해주는 존재가 아이들이기 때문입니다.

저는 늘 그렇게 생각했거든요. 아이들에게 저는 반드시 필요한 존재라는 생각, 그리고 양육을 하는 많은 엄마들에게 '아이는 혼자 키우는 것이 아니라 같이 키우는 것'이며 그들이 자신 없어 하는 것을 채워주는 것이 제 역할이라고 말이에요. 만약 제가 다시 태어나도 저는 이 일을 선택할 것입니다.

'여자에게 아이를 키운다'는 것은 선택이 아닌 필수이며 그것은 여자에게 주어진 또 하나의 소중한 권리이니까요. 그런데 그 권리를 행사하지 않는 많은 여성들에게 제가 도와줄 테니 결혼을 하라고 이야기해주고 싶어요."

아이들은 제 삶에 동기부여의 역할을 톡톡히 하고 있습니다. 그것은 현재 진행형이며 아이들에 대한 책임이 곧 그 어머님들의 양육에 대한 걱정을 덜어주는 데 귀결된다는 것을 그녀는 알았습니다. 기자와 인터뷰를 하면서 저는 거꾸로 그 기자를 분석했습니다. 아니, 젊은 여자들의 사고를 분석했다고 하는 편이 더 옳을 것입니다.

이들이 결혼을 주저하는 이유는 '엄마'로서의 역할에 대한 두려움과 호기심이 반반이기 때문이라는 생각을 지워버릴 수가 없었습니다. 또, 자기 자신이 하고 있는 일에 대한 갈등, 그리고 쌓아올린 커리어를 하루아침에 무너뜨릴 수 없다는 생각, 그것이 여자로 하여금 결혼이냐 일이냐를 두고 고민하도록 하고 있음도 보게 되었습니다.

시대가 바뀌어 이제 워킹맘이 대세인 시대가 되었지만, 전업주부들 역시도 가정에서 끝없이 갈등하고 있음을 보게 됩니다. 사실 만만치 않은 많은 여성들이 가정에서 육아에 전념하고 있습니다. 모든 여자들이 다 워킹맘을 원하지는 않습니다.

'강남 사모님의 특별한 조언'이라는 제목이 달린 한 글에 이런 말이 나왔습니다.

"아줌마로 살지, 사모님으로 살지는 내가 정하는 것이다."

10년이나 직장생활을 했던 한 여성은 다음과 같이 말했습니다.

"모든 걸 다 가질 수는 없잖아요. 그런 욕심도 없어요. 저는 나에게 더 잘 맞고 내가 더 행복한 길을 선택했어요. 간혹 전업주부들이 세상에 뒤처지는 것 같다고 푸념하는데, 내가 행복하면 앞서는 거고 불행하면 뒤처지는 거 아닐까요?

저는 아이 낳고 직장생활을 하는 동안 내내 그만둘까 말까, 갈피를 못 잡고 전전긍긍하며 결단을 못 내린 채 시간만 보냈어요. 일을 했다고 할 수도 없고 아이를 키웠다고 할 수도 없는 그야말로 뒷걸음질 치는 삶이었지요."

그녀는 전업주부가 되겠다고 선언하고 난 뒤 집안일에서 '일'의 가치를 발견했다고 합니다. 드디어 적성에 맞고 해도 해도 싫증이 나지 않는 일을 찾은 것입니다. '들어앉는'게 아닌, '다른 일을 본격적으로 시작했다'는 의미에서 직장생활을 할 때만큼 부지런하고 프로페셔널하게 일했습니다.

"전업주부라면, 이왕이면 '아줌마'보다 '사모님' 소리를 들으면 좋잖아요. 저는 여러모로 아줌마와 사모님, 딱 그 중간쯤 되는데, 아줌마라고 불릴지 사모님이라고 불릴지는 제가 스스로 결정하는 거더라고요. 집 밖을 나설 때는 꼭 거울을 한 번쯤 더 보고, 아줌마의 포스가 아닌 사모님의 자태를 갖기 위해 노력해요. 집에서 혼자 밥을 먹을 때도 꼭 예쁜 그릇에 깨끗하게 떠서 먹어요. 내가 나를 대접해야 아이와 남편에게서도 대접받더라고요."

그녀는 힘들어하는 워킹맘 후배들에게는 경제적인 여유를 누리라고 조언합니다. 직장에서 받는 스트레스와 육아와 집안일로 인한 빡빡한 일상을 한탄만 하지 말고, 전업맘보다는 넉넉한 경제적 여유를 자신을 위해 쓰라고 말입니다. 스트레스를 풀기 위해 충동적으로 소비하기보다는 집안일이 힘들 때 당당하게 가사도우미를 불러 도움을 받는 등 현명하고 즐겁게 여유를 누리라는 것이지요.

직장인들이 월차를 쓰듯이 한 달에 한 번 정도는 집안일에서 벗어나 여유를 부리는 것도 좋은 방법입니다. 한 달에 하루쯤 취미생활을 하거나 친구를 만나 스트레스를 푸는 것은 결코 사치가 아니라 자신과 가족의 더 큰 행복을 위한 재충전이 됩니다.

다음과 같은 그녀의 말에서 육아와 일 사이에서 갈팡질팡하는 이들은 용기를 얻을 수 있을 것입니다.

"전업주부로 살든 워킹맘으로 살든, 그 자체가 행복의 조건일 수는 없어요. 행복의 크기와도 무관하지요. 자신이 더 좋아하는 일을 하면서 행복할 줄 아는 사람으로 사는 것, 그게 더 중요하지 않을까요?"

이 글을 읽으면서 지금 20대 며느리와 함께 사는 시어머니의 마음을 얘기해보고 싶었습니다. 먼저 저는 위의 얘기에 절대 공감합니다. 며느리가 결혼 전부터 '내조'를 잘하는 여자가 되기를 희망했기에 '전업주부로서 행복하게 살기 위해서는 어떻게 해야 할 것인가?'에 대해 많은 얘기를 해주었었습니다. 그중에서 꼭 필요한 것이 '자신을 위한 투자를 게을리하지 말라'는 것이었지요.

남자는 밖에서 자신이 좋아하는 일을 하면서 스스로 욕구도 채울 수 있고 성취감도 얻을 수 있습니다. 하지만 상대적으로 집에서 아기를 키우는 것이 전부라고 할 때 여자에게 그 일이 하찮아 보일 수도 있습니다. 따라서 그러한 생각을 갖지 않도록 하는 것이 바로 '내조자로서 행복의 조건'을 스스로 찾는 것이라고 했지요.

자신에 대한 투자가 필요한 것은 바로 이런 것 때문입니다. 지금 당장 돈 나가는 것이 아까워 자신에 대한 투자를 게을리하면 나중에 더 큰 것을 잃게 될 수도 있느니만큼 반드시 자기 자신을 위한 투자에 신경을 쓰라고 해두었습니다.

며느리가 아기를 낳은 지 한 달이 지났을 때 기념으로 아이를 도우미 아주머니한테 맡기고 밖에 나가서 바람 좀 쐬고 오자고 했습니다. 전혀 예상치 않았던 시어머니와의 데이트였습니다.

"여자의 마음은 여자가 잘 아는 법이다. 너는 얼마나 답답하겠니? 이제 한 달이 지났으니까 도우미 아주머니가 오는 시간은 온전히 네 시간으로 사용하도록 하렴. 그래야 지치지 않는다. 육아는 지금 뚝딱하고 마는 것이 아니라 장기전이기에 지치면 안 되는 거란다. 빨리 준비하고 나가자."

아기 모기장을 사러 가자는 핑계를 대며 며느리를 데리고 나갔습니다. 드라이브를 하면서 이야기가 시작되었습니다.

"사실 모든 여자들은 결혼하면 너처럼 내조만 하면서 살기를 희망한단다. 나 역시도 그랬지만 여건이 그렇지 못했기에 일을 했던 것이지. 만약 결혼하고 여자들이 다 워킹맘으로 산다면 그것 또한 문제가 되지 않겠니? 그러니 집에서 아기를 낳고 키우는 일이 꼭 무료하다고만 할 수는 없는 거란다.

모든 여자들의 로망인 길을 너는 지금 가고 있는 거야. 단지 나는 가정에서 내조만 하는 여자들에게 이런 말을 해주고 싶어. 남편의 그릇은 여자가 만드는 거라고 했다. 내 남편을 큰 그릇으로 만들고 싶으면 가정에서부터 남편을 큰 그릇으로 대접해야 하지 않겠니?

그런데 큰 그릇으로 만들고 싶다면서 남편한테 아이의 기저귀를 갈아주지 않는다고, 또는 아이의 양육을 도와주지 않는다고 불평하면 남편들은 어디에서 스트레스를 풀겠니?

차라리 나 같으면 이렇게 하겠어. 내가 자식을 잘 키울 테니까 그만큼의 능력을 마음껏 발휘해서 인정받는 사람이 되라고. 남자는 하고 싶은 일 다 하면서 여자를 도와주지 않는다고 하면 그건 여자의 이기적인 생각이야. 남자보고 돈을 벌어 오라고 하면서 집안일 도와주지 않는다고 불평하면 그건 지혜롭지 못한 여자란다.

남편이 성공하기를 바란다면 집에서의 일은 여자가 하는 게 맞는 거라고 생각해. 남자는 절대 두 가지를 다 잘할 수는 없는 존재란다."

이렇게 차 안에서 이야기를 나누며 우리는 여자로서의 마음을 서로 공유했습니다. 시어머니가 아닌 여자의 마음으로, 그리고 아내의 마음으로, 또 엄마의 마음으로 말입니다. 한 달만의 화려한 외출은 단 몇 시간이었지만 그것으로도 충분히 보상을 받은 듯했습니다.

삶에는 공식이 없습니다. 정답도 없습니다. 워킹맘이 되었든 전업 주부가 되었든 내 적성에 맞는 것을 찾아 생활하는 것이 삶의 방정식을 풀어가는 과정입니다.

일과 결혼 두 마리 토끼를 모두 잡은 사람에게는 방정식을 풀어가는 과정 중에 '갈등'이라는 변수가 포함됩니다. 하지만 그 변수가 꼭 워킹맘에게만 해당되는 것은 아닙니다.

오랜 시간 워킹맘으로 살면서 아이가 태어날 때의 갈등을 극복하고 아이가 초등학교에 입학할 무렵 직장을 그만둔 엄마들은 대부분 또 2차 갈등을 겪게 됩니다. 엄마의 정체성을 묻는 아이들의 질문에 몹시 당황하게 되는 것이지요.

이렇듯 우리의 삶은 탄탄대로 고속도로를 달리는 것이 아닙니다. 가다가 국도로 빠질 때 다시 고속도로를 타기 위해서 길을 찾아가는 것처럼 우리도 이런저런 방황을 할 수밖에 없습니다.

"행복은 무르익은 과실처럼 운 좋게 저절로 입안으로 굴러 들어오는 것이 아니라 끊임없이 쟁취해야 하는 것이다."

버트런드 러셀의 《행복》에 나오는 글입니다. 이처럼 행복은 끊임없이 쟁취하면서 얻는 것입니다. 여러분들도 지혜롭게 아이와의 행복을 만들어나가시기 바랍니다.

그래, 너는 분명 꿈꾸던 사람이
될 수 있을 거야

교육은 참으로 훌륭한 것이다. 그러나 때로는 우리들 스스로 가치 있다고 깨달은 것들이
교육을 통해서 깨우쳐진 것이 아니라는 것을 명심해두는 것이 좋다.
-오스카 와일드

"나는 김연아처럼 될 거야."
"나는 박지성처럼 될 거야."

아이들에게 있어 '꿈'이란 단어는 '환상'이어야 한다고 했습니다. 아이들이 꿈을 이야기할 때 "네가 어떻게 그런 사람이 될 수 있니? 지금 하는 일이나 잘해라."라고 말한다면 아이에게 꿈조차 꿀 수 없게 만듭니다. 이런 말을 들을 때 아이들은 '꿈이 없는 아이'가 될 것입니다.

"그래, 너는 그런 사람이 될 수 있을 거야."

이 말을 하기가 거북할 수도 있습니다. 그래서 속으로는 '꿈 깨라' 이런 말을 하는 사람도 더러 있을 수 있겠지요. 하지만 아이들의 '꿈=환상'이라는 공식을 성공시키기 위해서는 '안 되는 것도 되게 하라'라는 믿음이 있어야 하며, 그런 믿음을 가질 때 아이들의 '꿈'은 환상이 아닌 '현실'로 다가오게 되는 것입니다.

부모님들 중에는 '꿈을 갖게 하는 부모'와 '꿈조차 꿀 수 없게 만드는 부모'가 있습니다. 꿈을 갖게 하는 부모는 '긍정의 믿음'을 아이에게 한없이 불어넣어주어 그 꿈을 향해 도전하게 하지만, 꿈조차 꿀 수 없게 만드는 부모는 "네가 뭘 한다고 그래? 그냥 이렇게 밥만 먹고사는 것도 감지덕지지……"라고 말합니다.

이 말은 배고팠던 시절을 겪은 어른들이 참 많이 들었던 말입니다. 전자의 긍정의 말도 들었을 것이고 후자의 말도 들었을 것입니다. 하지만 현대를 살아가는 부모들은 예전의 우리 부모들이 했던 것처럼 이분법적인 사고로 아이를 교육시켜서는 아무것도 얻을 수 없습니다. 그 이유는 현재의 아이들은 과거의 우리가 아니기 때문입니다.

지금은 개성의 시대입니다. 창의성이라는 이름으로 아이들은 무한대의 꿈을 꿀 수 있는 세상이 되었으며, 어떤 분야가 되었든 자신이 원하는 것을 포기하지만 않는다면 자신이 하고 싶은 것을 하는 것이 가장 큰 꿈을 이룬 것이라고 인정받는 세상이 되었습니다.

'꼭 무엇이 되어야 한다'라는 힘겨운 목표를 갖고 꿈을 이루려는 것이 아니라 "내가 하고 싶은 일이 내 꿈을 이루는 거예요."라고 너무나 스스럼없이 말하는 세상이 되었습니다. 그렇기에 아이들에게 꿈=환상이 될 수 있으며, 아이로 하여금 이러한 꿈을 갖게 만드는 것이 현대를 살아가는 부모들이 해야 할 일이 된 것입니다.

'가난하다고 꿈을 포기해서는 안 된다'라는 말 속에 숨은 뜻을 살펴보면 "가난한 사람은 꿈조차 꿀 수 없는 것인가?"라는 질문을 던지게 됩니다. 아주 오래전에는 이러한 말들이 아킬레스건을 건드리기도 했지만, 지금의 아이들에게 '꿈'이란 존재는 돈과 연결되어지는 것이 아니라 '내가 하고 싶은 일'로 연결되어야 합니다. 따라서 부모님들이 갖고 있는 '꿈'에 대한 가치관도 달라져야 하는 것입니다.

아직도 우리 아이가 의사나 변호사가 되기를 바란다면, 박사나 대학교수가 되기를 바란다면, 이것이 부모의 소박한 꿈이라고 생각하는 부모들이 있다면 그 안에서 자라나는 아이들은 자신의 꿈을 접을 수밖에 없습니다. 내 꿈은 그것이 아님에도 부모의 꿈에 가려져서 내 꿈이 마치 그것인 것처럼 포장된 채 살아가는 것입니다.

우리는 가끔 '행복'이란 단어를 삶 속에 등장시킵니다. '힐링'이란 단어가 우리의 삶 속에 깊이 파고든 이유는 바로 행복하게 살고 싶기 때문입니다. 많은 사람들이 삶 속에서 행복하게 살아가기를 원합니다. 그런데 우리는 그 행복권을 나도 모르게 박탈당할 때가 많습니다. 겉으론 행복해 보이지만 행복하지 않을 때가 더 많습니다.

누군가에 의해 내 행복이 지배되고 있는 것을 알아채지 못하기에 나이 들면서 점차로 '과연 나는 행복한 사람인가?'란 의문에 골몰하게 되고 행복을 찾아 나의 행복을 빼앗아간 대상과 내면의 전쟁을 일으키게 되는 것입니다.

싸우고 나면 속이 후련할 법도 한데 이 싸움에는 승자도 패자도 없습니다. 그냥 공허하게 끝납니다. 왜 그럴까요? 행복을 누구한테 빼앗겼다고 생각했기 때문입니다. 행복은 돈이 아닙니다. 그래서 누구한데 빌려줄 수도 없고 빌려준 적이 없기에 떼일 수도 없고 또 빼앗을 수도 없습니다. 그런데 우리는 '빼앗긴 행복을 되찾기 위해서……'라는 말을 아무런 책임감 없이 하곤 합니다.

만약 지금 내가 행복하지 않다고 생각한다면, 누구한테 그 원인이 있다고 생각하십니까?

어렸을 때부터 우리에게 주입되어 온 '꿈'은 바로 행복과 연결되어져 '꿈을 이룬 사람은 행복하고 꿈을 이루지 못한 사람은 행복하지 않다'라고 정의를 내리는 이분법적 사고가 현재 우리의 삶을 행복하다고 느끼지 못하게 하는 것은 아닌지 생각해볼 일입니다. 아이들과 함께 생활하다 보면 저는 아이들을 통해서 많은 행복을 느낍니다. 아울러 책임감도 느낍니다.

"얘들아! 너희는 꿈을 좇아가거라! 꿈은 말이야, 너희들이 하고 싶은 일을 하는 거란다. 너희들이 하고 싶은 일을 하다 보면 너희가 원하는 꿈이 무엇인지 알게 돼. 그러니까 '네 꿈이 뭐니?'라고 물을 때 내가 가장 잘할 수 있는 일이 무엇일까?를 생각하는 아이들이 되어보렴.

꿈은 환상이라고 했어. 지금 당장 이루어질 수 없는 꿈일지라도 그 꿈을 당당하게 말할 수 있는 아이가 되어야 한다. 꿈은 생각하고 말하는 것이 아니라, 내가 가장 잘하는 것을 누구한테든 자랑하면서 말하는 거야.

어떤 아이가 있었단다. 이 아이는 그림을 참 잘 그렸어. 그런데 이 친구한테는 꿈이 없었단다. 선생님이 꿈이 뭐냐고 물어봤을 때 자신은 꿈이 없다고 하더라. 왜 꿈이 없냐고 했더니 그냥 없대. 그리고 지금 자신이 가장 하고 싶은 것은 친구들하고 노는 것인데 친구들이 자기랑 놀아주지 않는대. 그것이 가장 슬프대. 선생님은 그 아이의 말을 듣고 너는 그림을 잘 그리니까 친구들의 얼굴을 한번 그려보라고 했단다.

그랬더니 이 아이가 매일 친구들 얼굴을 그려서 친구들한테 한 장씩 주기 시작했어. 반 친구들은 이 아이가 그려 준 그림을 받으면서 '와! 이게 진짜 네가 그린 거야? 기가 막힌데?' 이러는 거야.

이렇게 친구가 없던 이 아이는 자신의 잘 그린 그림 덕분에 친구들을 많이 사귀게 되었고, 또 꿈까지 갖게 되었어. 선생님이 꿈이 뭐냐고 물어봤을 때 자신은 아무것도 할 수 없는 아이이기에 꿈이 없다고 했지만, 잘 그리는 그림 덕분에 꿈도 갖게 된 거지.

누구에게든지 잘하는 것은 한 가지씩 있는 거란다. 그러니 너희가 지금 현재 아무것도 할 수 없다고 생각할지라도 '하고 싶은 것'을 생각해서 꿈을 가져야 한단다. 꿈은 이룰 수 있는 것을 말하는 것이 아니라, 이룰 수 없는 것일지라도 하고 싶은 것을 말하는 거거든."

부모의 교육적 신념은 아이들에게 많은 영향을 끼치게 됩니다. 부모가 '자식을 어떻게 키울 것인가?'라는 계획을 세우지 않고 자식을 데면데면하게 키우려고 한다면, 그 자식 역시도 목적 없이 살게 되는 것입니다. 내 자식에게 꿈을 갖게 하고 싶다면, 부모도 꿈이 있어야 합니다. 부모가 갖고 있던 꿈을 아이에게 이야기해줄 때 아이는 꿈의 실체가 무엇인지를 알게 됩니다.

또, 부모가 꿈을 이루어가는 과정을 보여줄 때 아이들은 '삶'을 배우게 됩니다. 부모는 꿈이 없으면서 자식에게만 "꿈을 가져라."라고 말한다면, 아이들의 꿈은 결코 자라지 않습니다. 그냥 순간순간 머릿속에 머무르다 시간이 흐르면 머릿속의 지우개로 지워지는 그러한 것에 불과합니다.

아이의 꿈은 하늘의 별처럼 멀리 떨어져 있는 것이 아니라 아주 가까이에 있다고 했습니다. 어떤 사람을 닮고 싶다는 것도 아이에게는 꿈입니다. 또, 어떤 경험을 통해서 얻게 되는 것 역시도 아이에게는 꿈입니다.

현재 고등학생으로 '말'을 너무나 사랑한 나머지 말과 함께하는 삶을 선택한 학생의 이야기를 들었습니다. 그 학생은 "지금 너무 행복하다."고 말했습니다. 이를 통해 '행복은 꿈을 찾는 사람이, 꿈을 찾아가는 사람이 얻을 수 있는, 돈으로 살 수 없는 무한대의 가치임'을 다시금 확인했습니다.

저는 아이들에게 '꿈'이란 단어를 키워드로 주고 싶습니다. 유아기의 아이들이 하는 모든 것들은 '꿈'으로부터 시작된다는 것을 일깨워주려고 합니다. 배우고 익히는 모든 것들이, 경험을 통해 얻게 되는 모든 것들이 꿈을 찾아가는 과정이며, 이 과정이 얼마나 소중한 것인지를 혼신의 힘을 다해 보여주려고 합니다.

"교사는 직업이 아니라 사람을 가르치는 일이니 얼마나 소중한가? 지금 내가 하고자 하는 일은 직업이 아니라 소명이기에 아무나 할 수 없는 일이 아닌가? 일은 누구나 할 수 있지만 소명의식은 누구나 가질 수 없지 않는가? 그래. 교사는 직업이 아니야. 사람됨을 만들어내는 일을 하는 사람이야. 아이들이 모두 꿈을 가질 수 있도록 해야 진정한 교사가 되는 거야. 꿈을 주는 사람이 되도록 하자."

청소년들이 필요로 하는 곳은 어디든지 가서 비전 연수를 통해 청소년들이 꿈을 가질 수 있도록 해주려고 합니다. 아이들에게는 매일같이 꿈을 심어주는 말을 해서 취학반 아이들이 학교라는 제도권 안에 들어갈 때 자신의 '꿈'이 무엇인지 당당히 밝히는 아이들이 되도록 할 것입니다.

아직도 저는 꿈을 꾸고 있습니다. 제가 꾸고 있는 꿈을 하나씩 하나씩 이루어나가는 것이 저의 꿈입니다. 부모님들도 함께 꿈을 꿀 때 우리 아이들의 꿈도 반드시 이루어질 것입니다. 아이들에게 멋진 부모는 꿈을 꾸면서 살아가는 부모라는 것을 잊지 마세요.

위대한 유산은
돈이 아니라 가치다

교육의 뿌리는 쓰지만 그 열매는 달다.
-아리스토텔레스

일생 동안의 연구와 강연, 저술 활동을 통해서 미국을 비롯해 전 세계적으로 성공학의 거장이 된 나폴리언 힐의 성공철학을 집대성한 《성공학 노트》를 읽으면서 가슴이 뛰었습니다. 이제는 시중에서 쉽게 구입할 수 없기에 더욱 가치 있게 여겨집니다. 이 책을 통해서 '추구하고 있는 삶이 무엇인가? 그리고 가치 있게 사는 삶이 무엇인가?'를 보다 확연하게 정리할 수 있게 되었습니다.

또, 정리된 생각을 바탕으로 미래의 아이들을 위해, 또는 부모들을 위해 '마스터 마인드'가 되어 성공자로 세상을 살아가는 법과 사람들과의 관계를 통해 조화로운 삶을 살아가는 법을 알려주는 역할을 해야겠다고 다짐했습니다.

공교롭게도 이 책을 읽기 전에 한 대형서점에서 저자초청 강연회와 사인회를 가졌습니다. 당시에 출간된 《버킷리스트》가 베스트셀러에 진입하면서 갖게 된 행사였습니다. 공동 저자의 한 사람으로 저자초청 강연회에서 강연하게 되었는데, 마침 제가 주제로 선택한 강연 제목이 마스터 마인드의 원리에 해당하는 '관계 맺기'였습니다.

앞으로 반드시 하고 싶은 일로 버킷리스트에 '인성교육 연수원 만들기', '대안학교 만들기', '이야기가 있는 사진첩 만들기'를 쓰면서 많은 생각을 했었습니다.

'과연 내가 이 일을 죽기 전에 다 할 수 있을까?'

'관계 맺기'의 중요성에 대해 다시 한 번 생각하는 계기가 된 시점이었습니다.

결론적으로 말한다면 혼자서 이룰 수 있는 일은 아무것도 없으며, 조화로운 삶 속에서 사람들과 협력의 관계가 이루어질 때 자신이 목표한 바도 이룰 수 있다는 것을 스스로 글을 쓰면서 더욱 굳게 확인하게 되었습니다. 내가 갖고 있는 생각을 이 책에서는 '마스터 마인드'라고 표현하며 이렇게 정리하고 있었습니다.

"마스터 마인드란 둘 또는 그 이상의 사람들이 주어진 과제를 위해 서로 연합하고 조화롭게 협동함으로써 발전되는 마음의 상태를 뜻한다."

이 책은 우리의 인생에서 가장 큰 문제 중 하나는 타인과 조화롭게 타협하는 방법을 배우는 것이라고 가르쳐주었습니다. 여기서 조화라는 말의 의미를 살펴보면 '조화의 정신 속에 모든 비즈니스와 사회적 협력 관계의 성패를 가름하는 비밀이 담겨 있다'고 해도 과언이 아닙니다. 그렇기에 조화의 정신이 없으면 사람들의 마음은 결코 섞일 수도 한데 어우러질 수도 없게 됩니다.

예를 들어, 인간의 두뇌는 전기 배터리처럼 사용하는 사람에 의해 소모되거나 고갈되게 마련입니다. 이를 두고 '기가 빠졌다', 또는 '지쳤다'라고 표현합니다. 세상에 이런 경험을 한 번도 해보지 않은 사람은 없을 것입니다.

사람의 두뇌가 고갈된 상태에 놓였을 때 재충전이 필요하게 되며, 이때 한층 활력 있는 사람들과 접촉함으로써 재충전이 가능해집니다. 바로 조화로운 삶을 사는 방법입니다. 배터리는 재충전을 하지 않으면 쓸모없게 됩니다. 그렇다면 사람은 어떨까요?

기가 빠지고 힘이 없고 지친 사람들이 만약 재충전할 수 있는 기회를 놓친다면 마음의 병을 얻거나 사회에서 실패자로 전락하는 삶을 살아가게 될 것입니다. 따라서 조화로운 삶을 산다는 것은 타인과 자신의 인생을 순탄하게 펼치면서 사회에 영향력을 끼치며 살아가는 사람이 될 수 있다는 것을 의미합니다.

'조화 없이는 마스터 마인드도 없다!'

운 좋게 뜻이 맞는 사람들끼리 만남을 가졌다고 해서 마스터 마인드가 우후죽순처럼 마구 솟아난다고 생각하면 큰 오산입니다. 성공학 강의에서 말하는 '조화'는 마스터 마인드라는 마음의 상태가 뿌리를 내릴 수 있게 하는 근본적인 여건을 뜻합니다. 쉽게 말한다면 성공을 뭐라고 정의하든 간에 인생의 성공이란 자신과 주변 환경 사이의 조화, 즉 주변 환경에 어떻게 적응해나가느냐가 관건이라는 것입니다.

책은 이 세상에 조화가 존재하지 않는 것은 실패의 알파요 오메가라고 거듭 강조합니다. 조화는 남녀관계, 부모와 자식과의 관계, 가족관계, 부부관계, 이웃관계, 교사와 부모와의 관계, 교사와 학생과의 관계, 직장동료와 상사의 관계 등 우리 주변에서 쉽게 찾아볼 수 있습니다.

'관계 맺기'라는 주제로 강연을 할 때 말한 내용은 바로 '조화로운 삶을 살기 위해서 어떻게 해야 하는가'였습니다. 그런데 일주일이 지난 뒤 어렵게 구한 책 속에 바로 내가 추구하고 싶은 삶, 그리고 반드시 그렇게 살아야 하는 삶에 대한 내용이 너무나 강렬하게 기록된 것을 보면서 빨간 펜으로 밑줄을 긋기 시작했습니다.

우리가 인생에서 성공을 바란다면 조화의 원칙이 반드시 필요합니다. 조화를 이루는 근본 요건은 바로 '명확한 목표'를 설정하는 것입니다. 사람은 태어나면서부터 죽을 때까지 2개의 마음이 끊임없이 전쟁을 벌이게 됩니다. 동일한 상황에서 선과 악의 충동이 동시에 일어나서 갈등하게 되는 것이 대표적인 예입니다.

이처럼 모든 사람은 두 가지 상반된 마음과 인격을 갖고 있기에 조화로운 삶을 살기 위해 가져야 할 근본적인 개인의 임무 중 하나는 자신 속에 있는 다양한 인격을 하나로 조화시켜 주어진 목표를 달성해나가도록 하는 것입니다. 스스로의 마음속에서조차 조화를 이루기 어렵다면 다른 사람들의 마음을 모으는 일은 더더욱 쉽지 않기 때문입니다.

만약 인생을 성공적으로 살고 싶다면 자신의 마음 상태를 카멜레온처럼 변화시킬 줄 알고, 관계할 대상과 접촉할 때마다 조화로운 인격을 발휘하는 것이 가장 현명한 방법이라고 책은 충고합니다. 조화로운 삶을 살기 위해서, 즉 관계 맺기를 잘해 협력자를 많이 만들어내기 위해 필요한 것이 바로 '교육'입니다.

'교육한다'는 말은 '안에서 끌어낸다', 즉 '사용의 원리를 통해 성장을 도모한다'는 뜻입니다. 수준 높은 교육을 받고 자기 분야에서 최고 전문가로 통하는데도, 간혹 상식 수준만은 바보나 다름없는 사람들이 있다고 책은 지적합니다. 그런 사람과 바보의 차이점은 자신이 가진 지식을 활용할 줄 아는 것과 모르는 것입니다. 책은 교육받은 사람에 대한 진정한 정의를 이렇게 내립니다.

"교육받은 사람이란 인생의 주요 목적을 달성하기 위해 주위 사람들의 권리를 침해하지 않으면서 필요한 모든 것을 얻어낼 수 있는 방법을 아는 사람을 말한다."

아무리 수준 높은 교육을 받은 사람이라 해도 이 자격 요건에 미달되는 사람이 허다하다는 것이며, 반대로 공식적인 교육을 받지 못했어도 이 자격 요건에 해당하는 사람들이 많다고 책은 강조합니다. 성공한 변호사라고 해서 수많은 법조항을 달달 외우고 있지는 않으며, 그들은 주어진 사건에 응용할 수 있는 법조항과 원리를 어디에서 찾을 수 있는지를 명확히 아는 사람들일 것입니다.

진정한 교육이란, 단순한 지식의 습득이 아니라 마음의 계발에 있다는 것을 사람들과의 관계를 통해서 알게 됩니다. 교육은 필요할 때 필요한 것을 하나로 모으는 힘을 길러주는 것입니다. 다른 사람이 가진 지식을 적재적소에 사용할 줄 아는 사람은 지식은 있으나 어떻게 응용해야 하는지를 모르는 사람보다 훨씬 더 교육을 많이 받은 사람이라고 할 수 있습니다.

또, 관계를 중요하게 여기는 사람, 조화로운 삶을 지향하는 사람, 마스터 마인드로서 살아가기를 원하는 사람이 성공할 수밖에 없는 이유는 바로 '명확한 목표'가 있기 때문입니다.

명확한 목표 의식은 자녀의 양육에도 똑같이 적용됩니다. 부모가 일관된 교육 목표 없이 흔들리는 태도를 취하면, 아이들은 이를 즉시 간파하고 부모의 그런 태도를 이용하게 됩니다.

부모가 자식에게 주어야 할 평생 메시지로 '조화로운 삶'의 중요성과 함께 '명확한 목표 의식'을 갖고 자신이 교육을 통해 배운 지식을 사회에 적용시키며 살아가는 사람이 될 것을 권면합니다. 이러한 말은 한 번 듣는다고 체득할 수는 없기에 부모는 자식에게 끝없는 협력자가 되어주어야 합니다. 부모와 자식과의 관계가 조화로울 때 교육의 참 목적도 달성할 수 있게 되는 것입니다.

'관계 맺기'를 잘하는 사람은 다른 사람들보다 훨씬 더 많은 유익을 구할 수 있습니다. 조화로운 인간관계로 인해 혼자서 할 수 없는 일도 해낼 수 있습니다.

부모가 자식을 위해 반드시 해야 할 일이 바로 명확한 목표 의식을 갖고 자식을 키우는 것이며, 조화로운 삶을 통해 자식의 미래를 위해 관계 맺기를 다져나가는 것입니다. 부모의 인격과 성품이, 주변 사람과의 조화로운 관계가, 조화로운 성격이 자식의 미래를 위해 반드시 필요한 것입니다.

혹시라도 지금 나의 지식이 충만하고 남의 도움 없이 살 수 있다는 생각을 갖고 있다면, 그것은 자식의 미래를 위해 위험천만한 생각입니다. 나와 생각이 같은 사람과 어울리는 것을 '끼리끼리 어울린다'라고 표현하며, 이는 평범한 인간관계에 불과하지만, '조화로운 삶'을 살기 위한 '조화로운 관계'는 자신의 인격을 다스리며 만들어가는 관계이므로 관계를 통해 얻게 되는 대가는 돈으로 비교할 수 없는 큰 가치를 만들어내게 될 것입니다.

'위대한 유산'은 돈이 아니라 '가치'입니다. 돈 주고 살 수 없는 '가치', 돈과 비교할 수 없는 '가치'. 그런 것을 찾아서 물려주는 부모는 명확한 목표를 갖고 자식을 교육시키게 될 것이며, 조화로운 삶의 의미가 무엇인지도 확연히 알게 될 것입니다.

기
적
의

부
모
수
업

Chapter 5

좋은 부모
콤플렉스에서 벗어나라

교육은 아이에 대한 절대적인 믿음이 필수다

교육의 비결은 학생들을 존중하는 데 있지요.
-랠프 월도 에머슨

'아이를 무조건 믿어라!'
'아이의 장점을 보아라!'
'아이의 재능을 살려주어라!'

이 원리를 깨치고 있는 부모들은 이미 절반은 성공했습니다. 교육은 종교와 비슷합니다. 아이에 대해 절대적인 믿음을 가져야만 성공할 수 있습니다. 그리고 그 절대적인 믿음은 현재가 아닌 미래를 향해 있어야 합니다. 세계적인 위인을 길러낸 어머니들을 보면 하나같이 자식의 미래에 대해 종교적인 수준에 준하는 믿음을 가졌습니다. 아인슈타인, 에디슨이 후세에 훌륭한 과학자와 발명가가 될 수 있었던 것은 부모의 자식에 대한 믿음 때문이었습니다.

동화작가 안데르센은 수십 년을 무명작가로 보낸 뒤에야 비로소 유명해질 수 있었습니다. 안데르센은 최초의 작품을 완성해 주변 사람들에게 읽혔을 때 "이게 글이냐?"라는 혹독한 평가를 받았습니다. 크게 실망하고 좌절한 안데르센이 눈물을 흘리며 집에 돌아왔을 때 안데르센의 어머니는 한달음에 아들을 향해 달려갔습니다. 그리고 이렇게 말해주었습니다.

"절대 포기하지 마라. 엄마가 네 작품을 읽어보니 위대한 작가가 될 소질이 너무도 분명히 보이더구나. 그러니 끝까지 시도해라. 넌 반드시 세계적인 작가가 될 거야."

그 후로도 안데르센은 수십 년간 쓰는 작품마다 사람들에게서 조롱을 받았습니다. 신문에는 '철자법도 바르지 않고, 문장도 제대로 쓰지 못하는 얼간이 작가'라는 서평이 실리기도 했습니다. 그러나 그때마다 안데르센의 어머니는 그를 절대적으로 지지했습니다.

많은 사람들이, 평론가들이 안데르센을 '얼간이 작가', '촌뜨기 작가' 등으로 조롱하던 시기에 어머니는 세상을 떠났습니다. 하지만 임종하는 순간까지도 아들의 미래를 확고하게 믿었습니다. 그리고 유언으로 "넌 반드시 세계적인 작가가 될 것이니, 현실에 굴하지 말고 끝까지 도전해라."라는 말을 남겼습니다.

그 후로도 안데르센은 십수 년간 혹독한 무명작가의 삶을 살아야 했지만, 포기하고 싶을 때마다 어머니의 유언을 생각하면서 힘을 냈습니다.

안데르센의 어머니가 시킨 자녀교육은 첫째, '아이의 현재는 아이의 미래만큼 중요하지 않다'는 것이었습니다. 많은 사람들이 현재의 안데르센이 쓴 글을 혹독하게 비판할 때도 안데르센의 어머니는 안데르센이 앞으로도 꿋꿋하게 글을 쓸 수 있도록 훌륭한 독자가 되어주었습니다.

둘째는 '아이가 실패하는 것이 아니라 일이 실패하는 것'이기에, 아이는 어머니에게 때로는 실망을 안겨주지만 그것 때문에 어떤 일을 포기해서는 안 된다는 것을 가르쳐주었습니다.

'한 번도 실패해보지 않은 사람은 한 번도 도전하지 않은 사람과도 같다'라는 말이 있습니다. 모든 일은 실패를 염두에 두고 시작하는 것입니다. 일이 실패하는 것이지 아이가 실패하는 것이 아님에도 부모들은 경쟁을 통해 지거나 결과가 안 좋을 때 아이의 인생 전체를 놓고 아이가 실패했다는 평가를 내리려고 합니다.

안데르센의 어머니가 안데르센이 무명의 작가로 수십 년간을 살았음에도 '한 번도 아이가 실패했다는 생각을 하지 않았다'는 것은 교육이 종교와도 같은 믿음에서 시작된다는 것을 확인시켜주고 있습니다. 또, 안데르센의 어머니는 안데르센이 실패했을 때 그것을

'앞으로 노력하지 않겠다는 구실로 삼아서는 안 된다'는 마인드를 완벽하게 실천했습니다.

안데르센이 쓴 글의 주인공들은 하나같이 안데르센 자신의 삶을 대변하고 있는데, 대표적인 것이 《미운 오리새끼》입니다. '미운 오리새끼'의 삶이 곧 안데르센 자신의 삶이라는 것을 보여주고 있습니다.

이렇게 부모가 자식을 한없이 믿어주는 것이 참 교육이고 정말 좋은 교육입니다. 그러나 이것을 실천하기 위해 먼저 해야 할 것이 바로 자녀들에게 인성교육을 제대로 시키는 것입니다. 인성교육 없이 자녀를 무조건 믿기만 한다면 그것은 모래 위에 집을 짓는 것과도 같기에 좋지 않은 상황이 닥쳤을 때 쉽게 무너질 수밖에 없습니다.

세계를 움직이는 것은 미국이지만 미국을 움직이는 것은 유대인이라는 말이 있습니다. 그도 그럴 것이 노벨 경제학상과 노벨 의학상을 수상한 사람의 25%가 유대인이며, 세계적인 기업을 이끌고 있는 경영자들 역시 모두 유대인이기 때문입니다.

베스킨 라빈스 아이스 크림, 리바이스 청바지, 폴로 티셔츠, 던킨 도너츠…….

이렇듯 우리에게 친숙한 브랜드의 소유주는 유대인입니다. 유대인을 교육시키는 유대인 부모를 통해 우리가 얻어야 할 교육적 가치는, 그들이 지식교육과 인성교육을 똑같이 중요한 비중으로 가르치고 있다는 사실입니다. 제아무리 똑똑해도 인성이 바로 되어 있지 않으면 소용없기에 가정에서 부모로부터 받는 인성교육만큼 중요한 것은 없다는 것을 알고 실천하는 것입니다.

그들이 하고 있는 '뿌리 깊은 교육'이 그저 한없이 부럽기만 합니다. 수평교육을 지향하는 우리나라의 교육 현실이 부끄럽기 그지없습니다. 인성보다는 인권을 우선하는 교육을 받고 있는 요즘 아이들이 때로는 가여울 때가 있습니다. 스펀지와 같은 흡수력을 갖는 아이들에게 좋은 인성을 물려주어야 할 이 시기에 왜 지켜야 할 도리를 먼저 가르치지 않고 누려야 할 권리부터 가르치는지 염려스럽습니다.

초등학생들과 수업을 할 때 이런 질문을 했습니다.

"너희들은 부모님께 효도하는 것이 무엇이라고 생각하니?"

"네, 안마를 해드리고 부모님의 일을 도와주는 것이라고 생각합니다."

대부분의 아이들은 부모에게 효도하는 것이 부모가 하는 일을 도와주는 것이라고 생각합니다.

하지만 수직교육을 통해서 살펴본, 부모에게 효도하는 가장 기본은 '부모님을 공경하고 부모님의 말에 무조건 순종한다'는 것이었습니다.

아이들은 이 말을 들으면서 "아!" 하는 탄성을 뱉어내었습니다. 요즘 아이들은 부모 앞에서도 '인권'을 주장합니다. 나에게도 인권이 있는데 왜 나한테 잔소리를 하느냐고 부모와 언쟁하는 것이 요즘 아이들입니다.

그래서 부모와 자식 간에 '인권'을 말하는 것이 과연 옳은 일인가에 대해 또 한 번 질문을 했습니다. 인권보다 인성이 먼저라는 것을 이해하고 난 뒤였기에 이제 그 대답은 "아니요."로 바뀌었습니다.

부모가 자식에 대한 끝없는 믿음을 실천하기 위해 우선해야 할 일은 바로 자식이 부모에게 순종하는 것이 효도라는 것을 먼저 가르치는 것입니다. 지식에 대한 부분만 강조한 채, 결과에 대한 것만을 놓고 믿음을 갖고 기다리는 것은 아니라는 것입니다. 오히려 공부는 조금 못하더라도, 만약 부모에게 순종하는 교육을 받는 아이들이 있다면, 미래에는 이러한 아이들이 훨씬 더 큰일을 하게 될 것이 분명합니다.

인권을 강조하는 세상이지만 이 가운데 '인성이 먼저다'라고 가르치는 부모가 있다면 그 부모가 가장 훌륭한 부모입니다. 유대인의 교육을 통해서 배워야 할 교육적 가치인, 그들이 자녀에게 가르치는 인성교육을 우리도 실천해보자고 제안하고 싶습니다.

모두가 '아니요'라고 할 때 '네' 하는 마음으로 주장하고 싶습니다.

"여러분! 우리 아이들에게 필요한 것이 인권교육입니까? 인성교육입니까? 우리 아이들의 미래를 위한다면 세상을 살아갈 때 꼭 필요한 것으로 자신이 누려야 할 권리를 먼저 가르치기보다는 세상을 살아갈 때 꼭 필요한 인간의 도리를 먼저 가르치는 부모님들이 되어 주십시오."

이렇게 말입니다.

어느 날인가 6, 7세 아이들과 체험 장소인 딸기밭에 간 적이 있습니다. 딸기밭에 들어가 마음껏 딸기를 따 먹는 것이 이날의 과제였습니다. 익은 딸기가 '어서 나를 따 먹어'라고 여기저기서 손짓을 합니다. 아이들은 저마다 그 손짓에 이끌려 고사리 같은 손으로 딸기를 따기에 여념이 없습니다. 마음껏 배 터지게 따 먹으라는 말은 아이들을 흥분시켰습니다. 보이는 대로 닥치는 대로 따 먹습니다.

이날 아이들은 딸기로 배를 채웠습니다. 딸기밭에서 나온 아이들의 얼굴과 옷은 거의 밭에서 농사를 짓는 농부의 수준과 다를 바 없었습니다. 그러나 해맑은 얼굴 표정 속에는 '뭔가 해냈다'라는 뿌듯함이 가득했습니다. 아이들에게 물어보았습니다.

"몇 개 따서 먹었어요?"

"몰라요. 많이 따 먹었어요."

자신들이 생각하는 숫자의 범위를 넘어섰기에 아이들에게 몇 개
라는 질문은 의미가 없었습니다. 아이들의 옷을 보면 이날의 행적을
짐작할 것이었습니다.

천진난만한 이 아이들이, 자신의 손가락으로는 도저히 셀 수 없
기에 "아주 많이 먹었어요."라고만 표현하는 이 아이들이 지금처럼
순수하고 아름다운 마음으로 자라게 하기 위해서는 변함없는 사랑
과 관심이 필요합니다. 그리고 인권보다는 인성을 먼저 가르칠 때
이 모습 이대로 잘 자랄 것이라 믿습니다.

희생적인 엄마는 그만,
불량엄마 되기

올바른 사회는 오직 어린이들에게
참다운 교육을 실시함으로써 이루어질 수 있다.
-페스탈로치

예전에는 '엄마' 하면 떠오르는 단어가 바로 '희생'이었으며, 그리고
'헌신'이라는 단어는 자동으로 따라왔습니다. 좋은 엄마의 기준은
자식을 위해 희생하고 헌신하는 엄마라고 생각했습니다. 자식 때문
에 잠을 잘 못 자도 엄마는 으레 그래야 하는 것이라고 생각했었습
니다. 자식이 속을 썩일 때도 엄마는 내가 낳은 자식이니까 업보라
고 생각하면서 당연히 참아야 하는 것이라고 생각했었습니다.

그런데 《행복한 부모가 세상을 바꾼다》를 읽으면서 '엄마'라는
단어에 대한 고정관념이 '이기적인 엄마'를 만들고, 좋은 엄마라고
생각했던 기준은 한없이 이기적인 생각에서 비롯된 것이었음을 깨

닮게 되었습니다. 우리가 생각하고 있던 지고지순한 엄마상은 아이들한테 한없이 이기적이고 공감받지 못하며 엄마의 목표를 위해 살아가는 엄마이지만, '불량엄마'는 요즘 아이들이 좋아할 만한 엄마상이었습니다. 책에 밑줄을 긋고 공감을 가졌던 부분을 소개해보도록 하겠습니다.

"부모가 자녀를 위해 자신을 희생하는 것이 따지고 보면 대가를 바라지 않는 무한한 내리사랑이 아니라는 점도 자녀나 부모 모두 인정해야 한다. 부모를 딛고 떠나려는 자녀나 부모에게 복종하지 않는 자녀에게 분노하며 억지로 자신의 품에 다시 들이려는 것 모두 소용없는 일이다. 그저 축복으로 그들의 선택을 존중해주어야 한다.

자신이 자녀를 위해 헌신하는 것을 고결하고 도덕적인 선택인 양 포장해 자녀에게 죄책감을 강요하거나, 이제 독립하려는 자녀에게 '부모를 버린 자식'이라는 저주를 퍼붓는 태도는 자녀뿐만 아니라 부모의 인생도 불행하게 만들 뿐이다."

결국 부모가 행복해야 자식이 행복하다는 것입니다. 그런데 부모가 행복해지기 위해서는 결국 부모 스스로가 보여주는 '희생과 헌신'이 누구를 위한 것인지 냉철하게 판단하고, '부모'의 이름으로 행해지는 이기적인 행동들을 거두라는 것입니다. 스스로 불량부모 되기를 자처하는 부모가 될 때 부모도 행복한 부모의 대열에 들어설 수 있으며 아이들 또한 행복하게 자랄 수 있다고 책은 말하고 있습니다.

"모든 부모는 이기적인 바보다."

어떻습니까? 이 말에도 가시가 숨어 있지 않습니까? 아이에 대한 과도한 기대와 강요를 버리는 순간 아이도 부모도 평범한 일상 속에서 소소한 행복을 누릴 수 있는 것들이 많아지는데, 그것을 버리면 '좋은 부모'가 될 수 없다는 '좋은 부모' 콤플렉스에 빠져 우리는 '불량부모'가 되지 않으려고 하는 것입니다.

과거에 저희 부부도 '좋은 부모' 콤플렉스에 빠져서 살았습니다.

"부모는 네가 잘되기를 학수고대하고 있는데 너는 고작 그것밖에 못하니?"라는, 지금으로 말하자면 아이 가슴에 비수도 서슴지 않고 꽂았던 것 같습니다.

"부모가 원하는 것이지 내가 원하는 것은 아니잖아요?"라고 아이가 말할 때는 그동안 헌신하고 희생했던 대가가 고작 이런 것인가, 라는 생각에 자식이고 뭐고 다 필요 없다는 생각을 가진 적도 있었습니다. 지금 돌이켜 생각해보니 왜 자식들이 '불량부모'를 선호하는지, 왜 불량부모가 되어야 행복한 부모가 될 수 있는지 미리 경험을 했기에 더욱 이해가 갔습니다.

격대교육을 시키고 있는 손자를 두고 자식은 행여 저희 부부가 '좋은 조부모' 콤플렉스에 빠질까 봐 노심초사하고 있었습니다.

"엄마, 저는 우리 ○○이가 자신이 원하는 것 마음껏 하고 싶은 대로 하라고 할 거예요. 운동이면 운동 음악이면 음악, 절대 공부하라고 강요하지 않을 거니까 그렇게 아세요."

아예 선언을 합니다. 하지만 그 말을 듣기 이전부터 '좋은 할머니'가 되고 싶다는 생각은 하지 않았습니다. '불량엄마'를 '불량 할머니'로 바꾸면 딱 좋을 그런 교육을 시켜야 한다고 작정하고 있던 차였습니다.

"너는 엄마를 어떻게 보고 그러니? 나도 네 새끼 추호도 그렇게 키울 생각 없다. 네 새끼니까 너희 마음대로 해라. 단지 아이가 원하는 것을 찾기까지 부모가 해야 할 일이 있다는 것만 알면 된다. 나는 한 치 걸러 두 치야. 조부모가 무슨 권한이 있어서 네 자식을 이렇게 해라 저렇게 해라 하겠니? 네 자식 잘못되면 조부모 탓하려고? 내가 왜 그런 일을 자초하니? 나는 네 새끼 교육에는 관여 안 할 거다. 조부모 역할만 할 거야. 알지? 무조건 예뻐만 하는 게 조부모 역할인 것. 행여 버릇 나빠진다는 말이나 하지 말아라."

그러자 아들은 되로 주고 말로 받았다고 했습니다. 속이 다 후련했습니다. 진즉에 '불량 할머니'가 될 거라고 내가 먼저 선언해야 했는데, 아뿔싸 그 시기를 놓쳤던 것이었습니다.

좋은 조부모 콤플렉스에서 해방되니 신천지가 따로 없었습니다. 무조건 사랑하고 예뻐만 하면 되니 얼마나 좋은지 모르겠습니다.

'도대체 어른들이 무슨 짓을 한 거지? 아니, 이 어린 것을 놓고 정치인을 만드네, 군인을 만드네 했으니, 어휴, 머리 아파도 싸지 싸.'

스스로 자책했습니다. '불량 할머니'가 되기로 작정한 뒤 손자를 두고 골치 아픈 생각은 절대 하지 않아도 되니 참으로 행복하고 마음이 편합니다. 불량부모가 되면 갖게 되는 마음이 이럴 것 같습니다.

현대에서 이상적인 어머니상으로 꼽히는 신사임당은 친정을 나와 시댁으로 들어간 지 몇 년 지나지 않아 쉰도 채 되지 못한 나이에 세상을 떠났다고 합니다. 현대의 심리학적인 측면에서 보면 '재능이 출중한 여성이 그 날개를 펴지 못하고 정신적으로 억압받은 나머지 육체의 면역력까지 떨어진 것이 아닐까?'라는 생각을 하게 된다고 합니다. 그녀 역시 헌신적이고 희생적인 어머니 역할이 버거웠던 것은 아니었을지 생각하게 된다는 것이지요. 완벽한 부모, 좋은 부모가 되겠다는 생각 자체가 스트레스라는 것을 말해주고 있습니다.

"자녀를 있는 그대로 인정하는 부모가 되자."

이 말에 "어, 그러면 불량부모가 되라는 건데?"라며 아이들이 좋아한다고 하지 않습니까? 그리고 딱히 이것을 부정할 만한 근거가 없습니다. 아들에게 '불량 할머니'가 되겠다고 큰소리친 이유도 사실 이 방법이 가장 좋기 때문이었습니다. 자식을 있는 그대로 인정해야 무엇을 하든 할 수 있지 않겠습니까? 그런데 공부를 못하는 자식에게 공부 열심히 해서 훌륭한 박사님이 되어야 한다고 하면 이 아이는 그때부터 공황상태에 빠지게 됩니다.

엄마 아빠가 예능에 탁월한 재능이 있다고 해서 "너는 커서 아빠처럼 훌륭한 예술가가 되어야 한다.", 또는 "엄마처럼 피아니스트가 되어야 한다."라고 하면 이런 아이 역시도 점점 삶이 재미없게 됩니다. 정작 자신은 공부도 싫고 예능도 싫고 오직 연예인이 되고 싶은데 엄마 아빠가 "연예인은 아무나 되는 줄 아니? 네 외모로는 어림도 없지."라는 말로 일축해버린다면 그야말로 아이의 자존감은 땅에 떨어지고 말겠지요.

그렇게 생각해보니 '불량부모'가 나쁜 것이 아니었습니다. 저 역시도 진즉에 불량부모가 될 것을, 아들이 다 큰 성인이 되었을 때야 불량부모 대열에 합류했습니다.

"엄마가 네 인생에 이래라저래라 간섭할 수 있겠니? 지금 돌이켜 보니 자신이 하고 싶은 일을 하면서 사는 게 가장 행복하더구나. 엄마도 엄마가 좋아하는 일을 하니까 아파도 '아' 소리도 내지 못하는 것처럼 말이야. 너 역시도 네가 좋아하는 일을 하면서 살면 즐겁고 행복하지 않겠니? 공대생이 음악하고 운동한다고 해서 누가 뭐랄 것 있니? 네가 어떤 것을 하든 확실한 목표가 있고 그 일을 해야 기쁘고 행복하다면 그게 네가 가야 할 길이지."

사실은 '불량엄마'의 길로 들어선 것인데, 아들에게서는 그 순간 '쿨한 엄마'의 대접을 받았습니다. 결국 불량엄마는 자식에게는 쿨한 엄마였습니다. 그렇다고 해서 무관심으로 일관하지는 않았습니다. 단지 자식을 있는 그대로 인정해준다는 좋은 태도만 꾸준히 가지면 부모도 행복하고 자식도 행복해질 수 있다는 것을 믿기에 어떤 순간에도 이 말은 꼭 합니다.

"나는 너를 믿어."

부모들이여, 불량부모가 됩시다. 다른 말은 듣지도 말고 보지도 말고 오직 이 말만 생각하세요.

"자식을 있는 그대로 인정해주는 부모가 불량부모라며?"

이 책에 나오는 글을 인용하면서 말을 맺습니다.

"이 세상에는 완벽한 부모가 될 자질을 타고 나는 사람도, 또 철저하게 나쁜 부모가 되도록 운명 지어진 사람도 없다. 그릇이 작으면 작은 대로, 크면 큰 대로 자신이 할 수 있는 만큼 노력하면 된다. 자녀는 훌륭한 부모의 완벽함에 감동하는 것이 아니라, 어려운 상황에서도 노력하고 최선을 다하는 모습에 감동한다. 이는 똑똑하지만 오만한 부모보다는 어리숙하지만 겸손한 부모 밑에서 오히려 훌륭한 인재가 나오는 이유가 된다."

세상이 원하는 가장 좋은 부모는 완벽하게 좋은 부모가 아니라 불량부모라는 사실을 꼭 기억하시기 바랍니다.

욕심을 버리고 기다릴 줄 아는
부모가 되어라

옳은 행동을 하고 남보다 먼저 모범을 보이는 것이 교육이라는 것이다.
- 순자

"성공했으니까 돈이 많겠지요."
"돈만 있으면 나도 할 수 있어요."

이렇게 말하는 사람도 있을 것입니다. 하지만 돈이 많다고 해서, 성공했다고 해서 사람들이 베푸는 삶을 사는 것은 아닙니다. 어떤 사람은 돈을 벌수록, 성공할수록 더 많은 것을 얻으려 욕심을 부립니다. 하지만 세상에는 가진 것이 넉넉하지 않아도, 성공하지 않아도 '남을 생각하는 따뜻한 마음'만 갖고 베풀면서 살아가는 사람들이 많습니다. 우리가 연속극을 보면서 분노하는 이유, 그리고 때로 그 연속극에 몰입되어 우는 이유는 인간만이 가질 수 있는 '따뜻한 마음'이란 감정이 있기 때문입니다.

이 세상에 소중하지 않은 사람은 단 한 사람도 없습니다. 모두가 누군가로부터 사랑받고 행복한 삶을 살 권리가 있습니다. 그런데 행복한 삶을 살기 위해서는 베푸는 삶을 살아야 한다는 것을 아는지요? 우리는 자신이 가진 것을 남을 위해 베풀 때 많은 사랑과 기쁨이 부메랑처럼 되돌아온다는 것을 압니다. 성공하는 사람들은 하나같이 베푸는 사람들입니다. 그들은 자신이 할 수 있는 한 다른 사람들을 위해 사랑을 실천합니다.

"세상에서 가장 아름답고 소중한 것은 보이거나 만져지지 않는다. 단지 가슴으로만 느낄 수 있다."

이는 헬렌 켈러가 남긴 말입니다. '따뜻함'이란 가슴으로만 느낄 수 있습니다. 만져지지 않습니다. 하지만 따뜻한 사람들이 하는 행동을 보면서 마음이 따뜻한 사람은 함께 그것을 느낍니다. 스스로가 따뜻하다는 증거입니다.

정말 행복한 인생을 살고 싶다면 따뜻한 가슴부터 갖기 바랍니다. 남의 허물을 들추어내기보다는 허물을 덮어주고 감싸 안아주는 사람, 그 사람 또한 따뜻한 사람입니다.

배우 차승원 씨가 아들 때문에 '최고의 찬사'를 받았습니다. '노

아는 가슴으로 낳은 아들'이라는 것을 처음으로 세상에 알렸기 때문입니다. 그동안 아들의 과거를 가슴에 묻은 채 자신이 낳은 아들처럼 행세하기 위해 고등학교 때 아들을 낳았노라고 말해 왔지만, 사실이 아님이 밝혀졌음에도 누구 하나 그를 향해 거짓말한 사실을 질타하지 않았습니다.

그 대신 많은 사람들이 차승원에게 "당신이 진정한 아버지입니다."라고 말해주었습니다. 그들의 가슴이 따뜻했기에 따뜻한 가슴을 가진 차승원으로부터 따뜻함을 느끼게 되었던 것입니다.

미국 미시간 주의 성 요셉 고아원에 문제 소년 한 명이 들어왔습니다. 그 소년은 원생들과 싸움을 일삼았습니다. 그러나 보육 선생 베라다는 인내심을 가지고 끊임없이 소년에게 용기를 주고 격려했습니다.

"얘야, 너는 싸움만 할 것이 아니라 미래의 큰 인물이 될 꿈을 가져라. 그러면 반드시 그렇게 될 수 있단다."

그러나 소년의 행동에는 별다른 변화가 없었고, 소년은 결국 퇴원을 당하고 말았습니다. 소년은 퇴원을 당한 뒤에야 비로소 베라다 선생님의 소중한 가르침을 깨닫게 되었습니다. 그리고 지금부터는 다른 모습으로 살겠다고 굳게 결심하고 피자가게에 취직해 열심히 일했습니다. 그 결과, 소년은 피자 한 판을 11초에 반죽하는 탁월한 기술을 지니게 되었습니다.

소년은 다른 동료들보다 빠른 시간 안에 피자를 반죽할 수 있는 기술을 갖추었어도 결코 자만하지 않았습니다. 오히려 소년의 가슴속에는 베라다 선생님의 말씀처럼 큰 인물이 되겠다는 의지가 가득 찼습니다. 소년은 자신의 꿈을 매일 조금씩 실현시켜나갔습니다. 그런 노력에 힘입어 어른이 되어 자신의 피자가게를 차릴 수 있었습니다. 그는 자신의 가게를 세계적인 피자가게로 성공시키겠다는 꿈을 품었습니다.

시간이 지나면서 이 가게는 급속도로 성장해 미국에서 두 번째 큰 피자회사로 자리매김하게 되었습니다. 이 피자 회사가 바로 '도미노 피자'입니다. 이 소년의 이름은 '토머스 모나한'으로 그는 피자사업을 통해 벌어들인 돈으로 미국 프로야구 명문구단인 디트로이트를 경영하기도 했습니다. 그는 수많은 청소년들에게 장학금을 지급하며 공익사업에도 적극적으로 나서고 있습니다.

어느 날 일간지 기자가 그에게 성공 비결을 물었습니다. 그러자 그는 자신이 사업에 성공할 수 있었던 것은 베라다 선생님의 가르침 덕분이었다고 말했습니다.

자! 이제 우리 자신에게 물을 차례입니다. 여러분의 가슴은 지금 따뜻합니까? 그렇다면 따뜻한 가슴을 누구로부터 받았습니까? 그리고 따뜻한 가슴이 시키는 일을 주저하지 않고 잘하고 있습니까? 당연히 그래야지요. 만약 그러한 사실을 '당연히' 받아들이지 못한다면, 따뜻한 가슴을 가지고 있는 사람을 자주 만나시고 그들이 하는 행동을 유심히 지켜보시기 바랍니다. 그리고 그들에게서 '따뜻한 마음'을 전수받아 '따뜻한 마음'이 시키는 대로 행동하게 되면, 나와 여러분 모두 베라다와 같은 사람이 될 수 있을 것입니다.

사람은 살면서 많은 실수를 범하고 살지만, 아이를 가르치는 사람이 아이한테 저지르는 말 한마디의 실수는 그 아이의 인생을 좌우하는 엄청난 일이 될 수 있습니다. 따라서 부모와 교사는 아이에게 절대로 상처를 주는 말을 해서는 안 된다고 생각합니다.

에디슨은 초등학교 선생님에게 "네 두뇌는 썩어 있다."며 바보 취급을 당했습니다. 그리고 이 일로 에디슨은 학교를 그만두었습니다. 그러나 에디슨의 어머니는 에디슨의 가능성을 믿고 최대한 응원을 아끼지 않았으며, 초등학교를 반년밖에 다니지 못한 에디슨은 어머니에게 글쓰기와 일기를 배웠습니다. 이때부터 학교 대신 도서관에서 책을 읽으면서 매일 일기를 쓰고 메모를 하기 시작했습니다. 그가 성공한 뒤에도 교수들은 '학교도 제대로 못 나온 기계공'이라며 무시하기 일쑤였지만 에디슨은 이런 말을 무시하고 연구에만 몰두했습니다.

에디슨은 메모광이었으며 독서광이었다고 합니다. 에피소드나 우스갯소리를 수집하고 인상 깊은 구절은 꼭 메모를 했는데, "죽기 전에 큰일을 하고 싶다고 말하는 사람에게는 코끼리의 몸을 구석구석 닦아보라고 충고할 필요가 있다."는 메모가 인상 깊습니다. 이 말 속에는 불평불만을 늘어놓을 시간에 차라리 몸을 갈고닦기 위해 노력하라는 의미가 담겨 있습니다.

에디슨의 이야기를 통해서 알 수 있듯이, 어머니의 힘으로 문제아가 천재적인 발명가가 되고 위인의 반열에 오를 수 있었음을 알게 됩니다.

'될성부른 나무는 떡잎부터 안다'는 속담을 또 다른 의미로 해석한다면, 유아기의 아이들에게 부정보다는 긍정을 심어주고, 할 수 있다는 자신감을 심어주고, 존재의 필요성을 일깨워주게 되면 결국 좋은 떡잎이 될 것이고, 원하는 바대로 잘 자라는 큰 나무가 될 것이라는 깊은 뜻이 숨어 있습니다.

"부모와 자녀의 관계는 일방적으로 만들어지는 것이 아니라 상호 존경의 주춧돌 위에 세워지는 집과 같다. 튼튼한 집을 짓기 위해 부모가 맨 먼저 알아야 할 일은 '사랑은 주는 것이지만 존경은 받는 것'이라는 사실이다. 부모는 자녀가 갓난아이 때부터 그 같은 존경심을 얻도록 노력해야 한다. 강보에 싸인 아이에게 '내가 너를 챙겨 주노라. 네가 기댈 커다란 느릅나무처럼 내가 여기서 너를 받쳐주고 있노라'라고 끊임없이 신호를 보내야 한다."

이는 타이거 우즈의 아버지인 '얼'이 《타이거 우즈》라는 책에서 자녀를 훌륭하게 키우고 자녀와의 사이에 믿음을 얻으려면 먼저 존경받는 아버지가 되라고 주문한 이야기입니다.

영웅은 그냥 탄생되는 것이 아니며, 훌륭한 사람도 저절로 훌륭한 사람이 되는 것이 아니라 부모의 영향을 가장 많이 받습니다. 저역시 엄마로서, 또 가르치는 사람으로서 책임감과 사명감을 다시 한번 느낍니다. 유쾌한 성격의 어머니가 아이에게 긍정적이고 적극적인 인생관과 대인관계를 형성하게 하는 것처럼, 부모는 아이의 성격과 인생관의 형성에 엄청난 영향을 미칩니다.

"욕심을 버려라! 기다려라! 인내심을 가져라! 인정해주어라! 장점을 살려주어라!"

이는 모두 아이를 키우는 부모들에게 해주고 싶은 말이자, 유아를 키우는 부모들이 꼭 실천해야 할 말들입니다. 하지만 머리와 행동이 따로 움직이기에 늘 마음은 있지만 행동이 그러지 못함을 안타깝게 생각하는 부모들이 많습니다.

중요한 것은 시도하는 것입니다. '난 하려고 해도 안 돼'라고 생각하지 마시고, 하나씩 할 수 있는 것부터 실천해서, 유아기의 아이들에게 행복한 시간을 마련해주시기 바랍니다.

아이들이 가장 바라는 것은 '인정받는 것'입니다. 인정받기를 원하는 아이들의 마음을 어른들이 모르지 않을진대, 어른들은 가끔씩 모진 말로 아이의 마음에 상처를 줍니다. 아이의 가능성을 찾아주고, 아이를 인정해주는 부모가 되고자 한다면, 아이들 역시 훌륭한 사람이 될 수 있을 것입니다.

프랑스 부모처럼
때로는 사랑도 엄격하게

아이는 어릴 때 엄하게 가르쳐야 하나,
아이가 무서워하게 해서는 안 된다.
-《탈무드》

"피가 났다면 모를까 절대 일어서지 마라."

단순 명료하면서 심오하다. 그렇구나! 프랑스 엄마들은 그렇게 키우고 있었구나! 피도 안 났는데 경기를 중단시킬 필요가 없다! 육아를 농구나 축구 경기처럼 이어가는 것이다. 프랑스 아이들을 관찰한 결과 반항하며 눈을 흘기거나, 문을 쾅 닫거나, 벽과 바닥을 두들기거나, 음식을 던지거나, 조르는 법이 없었다. 부모의 말에 대드는 행위 자체를 하지 않았다. 엄마는 절대 아이들과 타협하지 않고, 아이들은 엄마에게 말대꾸를 하지 않는다는 사실은 명확했다.

《프랑스 아이들은 왜 말대꾸를 하지 않을까》에 나오는 이 글은 시작에 불과합니다. 미국과 프랑스는 왠지 같을 것 같았지만, 너무나 큰 차이를 보여주고 있었습니다. 이 책을 쓴 미국인 작가는 프랑스 엄마들의 교육법과 미국 엄마들의 교육법을 비교할 때 미국의 교육법에 문제가 많음을 책 속에서 계속 드러내고 있었습니다.

책을 읽으면서 계속 저는 우리나라 엄마들의 모습이 오버랩되었습니다. 한국인 부모들은 이미 미국 부모 못지않게 아이의 개성을 존중한다는 이유로, 공공의 장소에서 공중도덕을 어기는 행동을 해도 타인이 우리 자식에게 뭐라고 말하는 것을 용납하지 못하는 수준에 도달했습니다. 중국의 소황제 제도를 염려했던 때가 엊그제 같은데 지금 한국의 부모들은 중국 못지않게 아이들을 소황제로 키우고 있어서 가정의 모든 것이 아이 중심으로 돌아가고 있습니다.

개인과 사회의 관계와 관련해서 미국은 프랑스와 대척점에서 서 있다 해도 과언이 아닙니다. 프랑스에서는 '아이 하나를 키우는 데 마을 전체가 필요하다'는 격언을 실제 믿고 실천하기에 남의 아이라 해도 잘못을 저지르면 주저 없이 야단친다는 것입니다.

그런데 저는 미국에서 철저히 개인주의를 고수하는 것을 보면서 미국인 부모의 모습이 현재 한국인 부모의 모습으로, 중국인 부모의 모습이 한국인 부모의 모습으로 변해가고 있는 것을 예의 주시하게 됩니다.

가정에서는 내 자식만 잘 키우면 된다는 생각에 이런 상황이 크게 염려할 상황이 아니라고 생각할 수도 있습니다. 하지만 프랑스와 유대인의 교육이 아닌, 미국식의 자기중심적인 개인주의 교육, 중국의 소황제 교육이 점차 만연되고 있는 현실 속에서 아이들의 미래뿐만 아니라 나라의 미래까지도 걱정하지 않을 수 없습니다.

"아이는 참 사랑스러우니까 무조건 아이 말을 들어주셔야 해요."
"아이들이 뭘 아나요? 그냥 내버려두세요. 때가 되면 잘 클 거예요."
"공중도덕이요? 아직은 어리니까 그런 거예요. 크면서 고쳐지겠지요."

저도 위와 같은 말을 부모님들께 해드리고 싶고 굳이 제가 입에 쓴 말을 골라가면서 할 필요가 없기도 합니다. '그냥 좋은 게 좋은 거지'라는 생각으로 넘어가면 그만입니다. 하지만 부모님들이 아이를 대하는 모습이, 그리고 아이들을 양육하는 방식이 이제는 걱정의 수준으로 가고 있습니다.

학교에서 선생님이 아이의 잘못을 지적하거나 훈육을 하면 우리 아이는 그럴 아이가 아니라고 일축한 채 선생님을 비방하거나, 심지어는 그런 일로 교장선생님을 찾아가는 부모들도 많다고 하니, 이것이 걱정이 아니고 무엇이 걱정이겠습니까?

'자식을 사랑하되 절반의 사랑만 하라'는 것이 프랑스 부모들이 타국의 엄마들에게 하는 조언입니다. 개성을 존중한다는 이유로, 아이가 마음에 상처를 받는 것이 싫다는 이유로 엄마가 무조건 아이 편을 드는 것은 사랑이 아니라는 것이지요. 정말 좋은 부모라면 아이가 옳고 그름에 대한 판단력과 분별력을 먼저 갖도록 해야 합니다.

'남의 눈에서 눈물이 나오게 하면 내 눈에서는 피눈물이 난다'는 속담이 있는 것처럼, 내 자식을 위한다는 구실로 옳고 그름에 대한 판단을 가르치지 않게 되면, 그런 것을 보고 배운 아이들은 결국 사회에서 자기 혼자의 힘으로는 아무것도 할 수 없는 아이가 될 거라고 책의 저자는 일침을 놓습니다.

"프랑스 엄마들은 나보다 훨씬 엄한데도 딸들이 성인이 된 뒤 친밀한 관계를 유지하는 경우가 많았다. 아이들의 비위를 맞추기 위해 쩔쩔매지 않고 부모로서의 위엄을 유지하기에 그것이 가능해 보였다. 한 프랑스 엄마가 알기 쉽게 부연 설명을 해줬다.

'너는 아이들의 친구가 아니야. 그렇게 될 수도 없어. 엄마 역할을 제대로 하면서 훈육을 해야 해. 나도 하루 종일 아이를 끌어안고 있으면 좋겠지만 그렇게 해서는 아이에게 절대 도움이 되지 않아.'(중략)

프랑스 엄마들은 하나같이 아이를 엄격하게 훈육하고 자제력을 길러주는 것이 진정한 사랑의 표현이라고 입을 모았다. 그들은 육아 서적을 거의 또는 아예 읽지 않았다고 했다.

한 프랑스 아빠가 이런 말을 했다.

'내 고향에선 부모가 곁을 맴돌면서 무슨 말이나 행동을 하든 다 받아주며 키우는 아이를 '앙팡 루이'라고 불러. 아기 군주라는 뜻이지. 버르장머리 없는 너희 집 꼬마들도 그렇게까지는 심각하지 않아도 얼추 비슷할 듯한데. 아이가 부모에게 왕처럼 떠받들어달라고 한 적은 없으니 아이 책임은 아니야.'"

중국에서도 역시 아이가 자신을 황제처럼 떠받들어달라고 한 적은 없지만, 한 자녀 낳기 운동을 전개하면서 외가, 친가 가족들 모두가 한 명의 아이를 황제처럼 키우고 있습니다. 프랑스 아빠가 말한 '앙팡 루이'나 중국의 '소황제'는 우리나라 부모님들 역시 실천(?)하고 있습니다. 아이들이 밖에서 떼를 쓰지 않고 부모의 말에 순종하며 말대꾸라는 것은 상상도 하지 못하는 프랑스 아이들에 비해 이미 우리나라 아이들이 떼쓰는 것은 어디에서든 흔히 볼 수 있는 모습이 되었습니다.

그리고 우리나라 아이들의 말대꾸는 이제 어린아이에서부터 초·중·고·대학생에 이르기까지 상용화되어 있다시피 합니다. 프랑스에서 부모를 사령관이라 칭하며 부모의 말에 절대적으로 순종하라고 가르치는 동안, 우리나라 부모들은 동방예의지국이라는 권위 있는 호칭을 내려놓은 채, 옳고 그름에 대한 판단력을 가르치는 것을 잊어버렸습니다. 친구 같은 엄마 아빠가 좋다고 말하는 부모들의 미래가 염려되는 것은, 절대 자식과 부모는 친구가 될 수 없다는 현실을 애써 외면하는 것은 아닌지, 또는 자식을 가르침에 있어서 무엇을 어떻게 해야 할지 몰라 그냥 그것이 편할 것 같아 그러는 것은 아닌지 많은 생각을 하게 만들기 때문입니다.

자식의 훈육을 부모가 하지 않으면 어느 누구도 부모를 대신해서 훈육하지 않습니다. 학교는 이제 더 이상 아이들의 훈육을 담당하려고 하지 않습니다. 이미 많은 사례들을 통해서 왜 그러는지 그 이유는 다 알고 있습니다. 프랑스식 육아법의 결론은 '엄해져야 한다'입니다. 아주 엄해지되 특정 문제에 대해서는 약간 고삐를 늦출 필요가 있다는 것입니다.

프랑스식 육아의 여덟 가지 법칙

첫째, 당신이 총사령관임을 잊지 마라!
도대체 우리가 언제부터 두 살배기에게 휘둘리게 되었나? 아이 하나 때문에 갈팡질팡하는 가족이 적지 않은데, 부모와 아이 모두에게 부정적인 영향을 끼칠 뿐이다.

둘째, 체계가 절제력을 길러준다.
체계적이고 규칙적인 생활을 유지해야 훈육이 더 효과적으로 이루어진다는 연구 결과는 쉽게 찾을 수 있다. 아이들은 규칙적인 생활을 통해 절제력을 키우고 주변 환경을 건설적으로 통제할 수 있게 된다. 또, 부모와의 힘겨루기도 확연히 줄어든다. 규칙적인 생활이 습관이 되고 나면, 아이에게 그런 규칙을 강요하면서 사람 잡는 괴물이 된 듯한 죄책감을 느낄 필요가 없어진다.

셋째, 아이들은 생각보다 질기다.

아이가 부모에게 반발할 때 일일이 발언권을 줄 필요는 없다. 한 번 '안 된다' 하면 안 되는 줄 알아야 한다. 아이가 부모의 결정을 존중하고 신뢰하는 법을 배워서 해될 것은 없다.

넷째, 말썽을 부렸으면 그에 상응하는 벌을 받아야 한다.

어린아이들은 아직 통찰력이 없다. 훈육을 할 때는 아이가 세상 이치를 제대로 알지 못하는 상태임을 감안해야 한다. 잘못을 저지르면 반드시 벌이 뒤따른다는 사실을 인지시켜야 한다. 예를 들어, 장난감을 던졌다면 그 장난감을 빼앗는 벌을 줄 수도 있다.

다섯째, 물러서지 마라. 규칙을 정하면 반드시 지켜야 한다.

법을 어겨서 체포될 확률이 겨우 50%라면 법을 어기는 사람이 더 많을 것이다. 위협을 가했다면 끝까지 밀고 나가야 한다. 위협만 가해놓고 행동으로 옮기지 않는 부모가 대부분이기에 아이들이 빠져나갈 구멍이 있다고 믿게 되는 것이다. 경고만으로는 아무런 효과도 없다.

여섯째, 옳고 그름을 가르치는 데 주저하지 마라.

아이들은 사리 판단 능력이 떨어진다. 윤리관을 심어주는 것도 중요하지만, 단순한 일과를 올바르게 행하도록 가르치는 것도 마찬가지로 중요하다. 오른쪽 신발을 오른발에 신으라고 한다 해서 결코 아이의 창의성이 위축되지는 않는다.

일곱째, 많이 사 준다고 능사가 아니다.

아이들이 요구하는 대로 군것질거리와 장난감을 제공해 주면 요구 사항만 점점 더 많아질 뿐이다. 절제력을 길러주지 않는 한 똑같은 상황이 되풀이된다.

여덟째, 피가 난다면 모를까, 일어서지 마라

아이들은 말을 잘 듣는 듯하다가 어느 순간 완전히 자제력을 잃는다. 마찬가지로 언제 그랬냐는 듯 순식간에 진정하기도 한다. 그러니 아이가 비명을 지른다고 매번 일어설 필요는 없다.

자식을 키울 때 엄마와 아빠의 양육 방법이 달라 애를 먹는 가정을 많이 보게 됩니다. 아빠는 엄격하게 키워야 한다고 말하고 엄마는 야단을 못 치겠다고 말하는 경우가 있습니다. 이렇게 상충되는 의견을 보이는 가운데 어느 날 아이가 혼날 짓을 해서 아빠가 야단을 쳤습니다. 아이는 아빠에게 대들고 말대꾸를 합니다. 그것을 본 엄마는 아이를 야단치는 것이 아닌, 아이를 혼낸 아빠에게 소리를 칩니다. 왜 아이를 야단쳐서 기죽게 만들었냐는 것이지요.

이럴 때 과연 어떤 것이 현명한 태도인지, '프랑스식 육아의 법칙 요약 버전'을 보면 조금은 감이 잡힐 것입니다. 그러나 이것 아니고라도 문제의 본질을 정확히 짚는다면, 아이가 혼났다고 아버지에게 말대꾸를 하고 소리를 지르는 행동을 한다는 것은 이미 버릇이 잘못 길들여져 있음을 의미하는 것입니다.

프랑스 부모들의 양육 방식이 부러웠던 것은 옳고 그름에 대한 판단력을 어릴 때부터 가질 수 있도록 만드는 그것 때문이었습니다. 다른 것은 몰라도 이것을 실천하기 위해 어떻게 해야 할 것인지 꼭 배워보자고 권하고 싶습니다. 입에 쓴 말이 좋은 약이 될 수 있다는 것을 상기시키며 글을 맺습니다.

서른다섯 번째 편지

남에게 유익함을 주는
공부를 지향하라

우리를 신뢰하는 자가 우리를 교육한다.
–G. 엘리어트

"얘들아, 공부를 왜 한다고 생각하니?"

가끔씩 초등학생들에게 이런 질문을 합니다. 처음에 이 질문을 했을 때는 너무나 단편적인 대답들이 나왔습니다. 한마디로 요약해서 "훌륭한 사람이 되려고요."라는 답이었습니다. 그런데 독서를 통해 배우고 익히고 난 뒤에는 아이들의 답이 달라지고 있었습니다.

이제는 그렇고 그런 대답보다는, 한마디로 요약할 때, "남에게 유익함을 주기 위해서"라는 내용으로 귀결되는 대답들이 많이 나옵니다. 그래서 더욱 느낍니다. '배움'은 반드시 필요하다는 것을 말입니다. 초등학생들에게 또 물어보았습니다.

"위인전을 왜 읽어야 한다고 생각하니?"

대답은 대략 이렇습니다.

"위인들의 행동을 본받으려고요."

구체적으로 '무엇을 어떻게 왜?'라는 것이 들어가 있지 않았습니다. 그래서 위인전을 읽으면서 앞으로는 그 사람의 '가치관'을 알아내어보자고 했습니다. 그 사람의 행동을 통해서, 습관을 통해서 그 사람이 어떤 가치관을 갖고 그런 행동을 했는지 알게 된다면, 적어도 위인전을 한 권씩 읽을 때마다 무엇이 옳고 그른지에 대한 판단 기준을 갖게 하는 '가치관' 하나씩은 배우게 되는 것입니다. 초등학교 2학년밖에 되지 않았지만, 많은 책을 접한 아이들은 위인의 가치관을 금세 한 단어로 요약하는 지혜로움을 갖고 있었습니다.

유아부터 초등생에 이르기까지 아이들을 지켜보면서 아이들이 커나가는 과정에 자부심과 긍지를 한껏 느끼게 됩니다. 초등학교에 가면 유아의 사고에서 자연스럽게 벗어나 이제는 어엿한 사회인으로서 '인격'을 만들어나가려고 노력하는 아이들을 발견하게 되기 때문입니다.

누가 가르쳐주지 않았음에도 자연스럽게 배우고 익히기를 즐겨하는 아이들, 이 아이들을 보면서 큰 꿈을 갖는 것은 어쩌면 교육자로서 당연히 갖추어야 할 미래 지향적인 목표를 갖는 것이라고 생각했습니다.

공부에 대한 가장 인상적인 글이 박경철의 《자기혁명》에 소개되어 있었습니다. 당송 8대가 중 한 사람인 한유가 아들 성남에게 독서를 권하는 〈부독서성남〉이란 글이 구절구절 사무치는 깊이가 느껴진다고 소개되어 있었습니다. 아들에게 왜 공부를 해야 하는지 조언하는 아버지의 마음이 절절한 글로, 옛사람들은 왜 공부를 해야 하고 어떻게 공부할 것인가의 문제를 고민했다고 합니다.

공자는 '학이불사즉망, 사이불학즉태(學而不思則罔 思而不學則殆)'라고 했습니다. 이는 《논어》〈위정〉 편에 나오는 구절로 '배우기만 하고 생각하지 않으면 어리석어지고, 생각하기만 하고 배우지 않으면 위태로워진다'는 뜻입니다. 주희가 편찬한 《사서집주》에는 이 말에 다음과 같은 주석이 달려 있습니다.

"진리를 마음에서 구하지 않기에 어리석고 깨달음이 없게 된다. 배운 것을 익히지 않기에 위험하고 불안하게 된다. (중략) 널리 배우고 깊이 묻고 신중하게 생각하고 분명하게 판단하고 독실하게 행하는 것. 이 다섯 가지 중에 한 가지라도 없다면 그것은 학문이 아니다."

'진리를 마음에서 구한다'는 말이 이 글의 절정으로 아무리 생각해도 이치를 고민하지 않으면 아무런 소용이 없다는 의미를 담고 있습니다. 진정한 학습이란 배우고, 익히고, 실천함으로써 완성된다고 했습니다. 즉 배우는 것이 벽돌이라면 생각하는 것은 쌓는 것으로, 벽돌을 아무리 많이 찍어내도 쌓지 않으면 집을 지을 수 없는 것과 같습니다.

박태환 선수에게 수영을 배우며 그의 영법을 아무리 외워도 실제로 물에 들어가서 물을 먹어가며 익히지 않으면 헤엄을 칠 수 없는 이치와 같이, 결국 공부는 배우는 것과 익히는 것 두 가지로 나뉩니다. 공부의 이치를 스스로 실천해야 공부의 목표를 달성할 수 있게 되는 것입니다. 그런데 우리는 배우는 것만 공부라고 여기고, 제대로 익히지 않고 실천하지 않기에 결국은 사회적인 인간으로서의 제 기능을 다 발휘하지 못하고, 성숙한 시민으로서의 역할을 하지 못하는 것입니다.

아이들을 가르치면서 '학'과 '습'이 함께 공존하지 않으면 책을 아무리 많이 읽어도 소용이 없다는 것을 간접경험을 통해서도 많이 알게 됩니다.

신문에 여중생이 선생님의 머리채를 잡아당겨서 여선생님이 심한 충격을 받아 정신과 진료 중에 있다는 기사가 실렸었습니다. 선생님은 수업시간에 불성실한 태도를 지적하면서 선생님께 오라는 말을 안 들었던 여중생과 실랑이를 벌였습니다.

여중생은 교사의 말을 대수롭지 않게 여겼기에 급기야 머리채를 잡는 사태까지 벌어졌다고 하는데, 경위야 어찌 되었든, 학생이 교사의 머리채를 잡는 이런 일은 부모 된 입장에서는, 그리고 사회적인 책임이 있는 지성인들이라면 심각히 받아들여야 할 사안입니다. 제가 그 학생의 부모였다면 입이 열 개라도 할 말이 없었을 것입니다.

그럼에도 그 학생의 부모가 선생님도 자기 딸에게 심하게 했기에 그런 것 아니냐고 하며 학교의 조치를 받아들일 수 없다고 말하는 것을 보면, 옳고 그름에 대한 기준을 어디에 세워야 할까? 물음표를 던지게 됩니다.

세계화전략연구소 대표 이영권 박사는 강의 중에 "아무리 많은 책을 읽어도 실천하지 않는 사람은 책 한 권 읽고 실천하는 사람보다 못하다."라는 말을 했습니다. 맞는 말입니다. 이론이 아무리 강해도 실제가 따라주지 않는 교수나 교사는 앞에서는 존경받지만 뒤에서는 학생들에게 '거리'를 제공해주게 됩니다.

'공부를 왜 하는가?'에 대해서, 공부를 하는 것은 내가 아닌 남을 위해서이며, 남에게 유익함을 주기 위한 것이라는 것을 내가 실천함으로써, 내가 행동으로 보여줌으로써 또 다른 사람들이 그것을 보고 배우고 익히게끔 도와주는 사람, 그런 사람이 바로 부모입니다. 점수를 경쟁적으로 더 올리기 위한 공부보다는, 스펙을 쌓기 위해서 유아기 때부터 무엇이든지 배우는 것만 중요하게 여겨 몸에 맞지 않는 옷을 억지로 입히려고 몸부림치기보다는, '내 아이에게 지금 가장 중요한 것이 무엇인가?'를 매일 한 번씩 곱씹어보시기 바랍니다.

아이의 지적 호기심의
불쏘시개가 되어주어라

과학은 국경이 없으나, 과학자는 조국이 있다.

-파스퇴르

행복한 여자, 행복한 어머니, 행복한 아내!

한국 시각장애인 최초로 박사학위를 취득한 강영우 박사의 아내이자, 오바마 대통령의 입법 특별보좌관 임무를 탁월하게 수행하고 최근 대통령 선임 법률 고문이 된 강진영 변호사를 양육한 석은옥 여사가 그 주인공입니다. 강영우 박사의 이야기가 매스컴에 오르내릴 때마다, 그의 이야기를 글로 읽을 때마다 사실 '어떤 사람인가?' 무척 궁금했습니다.

강영우 박사의 얼굴에는 늘 웃음이 가득합니다. 그래서 보기만 해도 참 은혜롭다는 생각을 갖게 합니다. 그런데 석은옥 여사가 살아온 삶의 발자취를 따라가보니, 그 은혜로운 얼굴 뒤에는 바로 어머니와 아내의 이름으로 살아온 '석은옥'이라는 이름이 있었습니다.

해피 라이프!

누구나 다 이러한 삶을 원합니다. 그녀도 처음에는 그랬습니다.

"국가가 당신을 위해 무엇을 할 수 있는지 묻지 말고, 당신이 국가를 위해 무엇을 할 수 있는지를 물으십시오……."

케네디 대통령의 이 연설문은 이 소녀에게 새로운 도전의식을 불러일으켰으며 새롭게 다진 비전과 각오 속에는 '사랑'에 대한 실천이 들어 있었습니다.

"예수님을 닮은 참다운 크리스천이 된다는 것은 곧 나의 이웃을 내 몸과 같이 사랑하는 것이다."라는 말씀에 큰 감명을 받아 그것을 사명으로 알았고, 그러한 사명을 맹인 중학생 소년을 만나 그의 눈이 되어주겠다는 약속을 지킴으로써 실천했고, 그럼으로써 남편과 아들을 모두 사회에서 쓰임을 받는 사람으로 만들어 국가를 위해 지금도 왕성하게 활동하도록 하고 있음을 볼 때, 모든 사람에게 주어진 '삶'이 어떤 조각가가 빚느냐에 따라 천지차이로 달라진다는 것을 느끼게 됩니다.

그녀는 '엄마'라는 역할에 자부심을 갖고 있었습니다. '여자는 약하나 어머니는 강하다'라는 말이 우리 어머니들에게 가장 고귀한 덕목이라고 믿고 있었습니다.

그녀는 두 아들이 어릴 때부터 그들에게 앞 못 보는 아빠의 장점을 알려주기 위해 노력했고, 시력 없이도 아버지와 함께할 수 있는 것을 하도록 권했으며, 아이들에게 독서, 대화, 산책, 수영, 이발 등을 아버지와 함께 해보게끔 하면서 '장애는 누구에게나 올 수 있고, 우리가 함께 도우며 산다면 못 이룰 것이 없다'는 것을 가르쳐주었습니다.

그녀의 둘째 아들 진영이는 아버지의 책《우리가 오르지 못할 산은 없다》에서 "누구를 가장 존경합니까?"라는 질문에 다음과 같이 대답했습니다.

"어린 시절에는 운동선수가 가장 위대해 보였고, 중·고등 시절에는 온갖 역경을 불굴의 의지로 극복한 맹인 아버지가 위대해 보였습니다. 하지만 이제 결혼할 나이가 되니 그 뒤에서 헌신적인 내조와 희생, 아가페 사랑을 베푼 내 어머니의 40여 년의 삶이 더욱 훌륭하다는 것을 알게 되었습니다. 오늘날 아버지가 있기까지 어머니가 얼마나 많은 희생과 사랑으로 헌신했는지는 말로 표현하기가 어려울 정도입니다.

어머니는 158센티미터에 몸무게 55킬로그램의 작은 체구에 연약해 보이는 중년 부인입니다. 게다가 알레르기, 천식으로 고생하면서도 남편의 손과 발이 되고, 눈이 되며, 온갖 집안일을 단 한 번의 불평도 없이 모두 맡아 해내셨습니다. 어머니는 '내게 능력 주시는 하나님 안에서 무엇이든 할 수 있다'는 믿음과 은총을 받으신 것이 분명합니다. 나는 세상에서 나의 어머니를 가장 존경합니다."

자식에게 '존경하는 부모'로 비쳐질 때가 가장 행복하다는 느낌을 알고 있기에 그녀의 삶에 박수를 보냅니다. 어른을 공경하고 아이를 사랑하는 데도 원칙과 순서가 있습니다. 먼저 자기 집안을 돌보되 일단 능력과 기회가 생기면 자기 집안 밖까지 돌볼 수 있어야 합니다. 석은옥 여사는 이것을 실천했는데 공자 역시 '인'이 무엇인지 말하면서 비슷한 의미의 말을 했습니다.

"무릇 인(仁)이란 자신이 서고자 하는 동시에 다른 사람까지 서게 해주고, 자신이 통달하고자 하는 동시에 다른 사람까지 통달케 해주는 것이다."

유가에서는 가정을 생명의 출발점으로 봅니다. 사람은 누구나 이 가정에서 출발하며, 가정이 올바로 서지 않을 때 자녀교육은 올바로 설 수 없게 됩니다. '마땅히 해야 할 도리를 가르치는 것!' 그것이 바로 교육입니다. 맹자는 인류의 교육을 강조했습니다. 사람과 사람 사이의 관계가 어떠해야 하는지, 마땅히 해야 할 일이 무엇인지를 가르치는 것입니다.

맹자는 "부자 사이에는 친함이 있고, 군신 사이에는 의리가 있고, 부부 사이에는 구별이 있고, 어른과 아이 사이에는 차례가 있고, 친구 사이에는 믿음이 있어야 한다."라고 말합니다. 이를 흔히 오륜이라고 말하는데, 오륜은 사람 사이의 가장 올바른 관계를 제시하고, 이를 통해 사회를 안정되게 발전시키는 것입니다. 이것이 바로 교육의 역할입니다.

중학교에서 창의적 체험활동의 일환으로 직업 체험 교실을 운영하는데, 유치원 교사에 대한 직업 탐구를 맡아달라는 의뢰를 받고 학생들을 만나게 되었습니다. 이제 중학교 2학년밖에 안 된 아이들에게 '진로와 직업'이라는 단어는 너무나 생소하게 들렸을 것이라는 생각을 갖고 있었기에 학생들에게 큰 기대는 하지 않았지만, 진지함은 찾아볼 수 없었습니다.

이 학생들을 위해 '지금 해야 할 교육의 역할은 무엇인가?'를 생각해보았습니다. 공자가 말한 것처럼 '지적인 자극을 끊임없이 주는 것'이 교사의 역할이라는 생각이 들면서, 저의 나이와 지금 제가 하는 일과 공부에 대해서, 그리고 지금도 저는 책을 손에서 놓지 않고 있다고 말했습니다.

꿈쩍도 않던 아이들이 웅성거리기 시작했습니다. 유치원 교사가 되려면 전문가가 되어야 하고, 전문가가 되기 위해서는 손에서 책을 놓지 말아야 한다는 말에 그나마 반응을 보이는 모습을 보면서, 요즘 아이들에게 어른들이 주어야 할 것은 '지적 자극'이란 것을 깨달았습니다.

공부는 꼭 학생만 하는 것이 아니라 어른도 함께 하는 것이 되어야 합니다. 어른이 집에서 책을 보면서 공부하면 아이들에게 지적 자극을 끊임없이 주게 됩니다.

'한창 배워야 할 나이의 아이들이, 한창 일해야 할 나이의 젊은 이들이 자신의 역할에 대해 무관심하고 초연하게 행동하는 이유가 과연 무엇일까?'

그 이유는 바로 누군가로부터 받아야 하는 '지적 자극'이 없기 때문이 아닐까 생각했습니다.

또, 가정에서 배워야 할 교육은 보고 듣고 판단하는 것이 되어야 하는데, 자신에게 무엇이 유익한지에 대한 판단이 모호하기에 젊은 이들의 삶 자체가 진지하지 않습니다. 어떤 일과 행동에 대한 책임감이 결여되어 있습니다. 불신이 만연되어 있다 보니 거짓과 진실을 파헤치려는 노력 없이 무조건 말을 해놓고 '아니면 말고' 식으로 행동하기를 서슴지 않습니다.

교육의 역할이 올바로 되어야 하는 이유가 여기에 있습니다. 무조건 공짜를 좋아하고, 무조건 내가 손해 보면 안 되고, 무조건 내 의견이 맞고, 그리고 그 '무조건'이란 것에 동의하지 않으면 사람과의 관계마저도 소원해지는, 그런 세상이 만들어지고 있다면, 우리는 아이들에게 '가치관'이란 것을 심어줄 수 없게 됩니다. 세상을 살아가는 데 있어서 무엇이 옳고 그른가에 대한 판단의 기준을 만들어줄 때, 교육을 바로 받은 아이로 자랄 수 있으며 자기 스스로 주도적인 삶을 살아갈 수 있게 되는 것입니다.

부모와 교사는 한창 자라나는 아이들에게 욕망이 식지 않도록 하는 불쏘시개와 같은 역할을 해주어야 하고 지적 자극을 끊임없이 주어야 합니다. 그래야 아이들이 사회인으로 성장할 때 '영향력'을 몸소 깨닫게 되며, 또 그렇게 배운 아이들이 다음에 누군가에게 '영향력'을 끼치는 사람이 될 수 있습니다. 그런데 지금 우리 사회에는 '~해라'라고 가르치는 사람은 많이 있지만, 욕망의 불꽃이 식지 않도록 해주는 사람은 없는 것 같습니다.

맹자는 〈등문공〉 상에서 "그렇게 되려고 하는 자는 또한 그렇게 될 것이다."라는 말을 했습니다. 이 글을 읽으면서 가슴이 뛰었습니다. 옛사람이 할 수 있었던 일은 우리도 할 수 있습니다. 훌륭한 사람이 되려고 하는 자는 훌륭한 사람이 될 수 있고, 부자가 되려고 하는 자 또한 부자가 될 수 있을 것이며, 꿈을 이루고자 하는 자 또

한 꿈을 이루게 될 것이라는 이 말은 우리가 세상을 어떻게 살아가야 할지를 제시해주는 귀한 말이었습니다.

부모로서 자식을 훌륭하게 키우고 싶다면, '자식이 훌륭하게 될 것이다'라는 믿음을 갖고 가정에서 해야 할 교육을 올바로 시켜주신다면 틀림없이 원하는 대로, 뜻하는 대로 자녀가 훌륭하게 성장할 것입니다. 매일같이 '그렇게 되려고 하는 자는, 또한 그렇게 될 것이다'라는 말을 음미하면서, 올바른 자녀교육을 하시기 바랍니다. 그렇게 할 때 우리의 아이들이 미래의 리더로 우뚝 서게 되리라 확신합니다.

아이의 마음을 이끌어주는
가훈의 힘

지식이나 지능이라는 것이 아주 귀중한 것이긴 하지만,
그것으로는 부족하다. 교육은 지식과 그 지식을 실천할 도덕적 용기,
이 두 가지를 개발하지 않으면 안 된다.
-시드니 훅

사람들 모두에게는 장점이 있습니다. 만약 나에게 장점은 하나도 없고 단점만 있다고 한다면, '존재감'에 대해 한 번쯤은 생각해보아야할 것입니다. 그래서 '너는 소중하단다, 너는 특별하단다'라는 말은 매우 의미 있는 말입니다.

언젠가 진행했던 부모교육의 마지막 시간에 '가훈 만들기'를 했습니다. 과연 어떻게 가훈을 만드는 것인지 모두 궁금해했지만, 가훈은 부모의 탁월함을 발견하는 가운데서 만들어진다는 강의를 들으면서 모두 행복한 미소를 지었습니다. 그날 배운 가훈 만들기의 내용 중에는 이런 글이 있었습니다.

"가훈은 부모가 좋은 말들을 가져다가 그냥 아이들에게 실천하라고 하는 그런 명언이 아니다. 부모님의 삶 자체가 가훈이 되어야 한다. 부모님의 탁월함(존재)이 가훈이 되어야 한다. 부모님들의 탁월함(존재)을 이끌어내어 그것을 가훈으로 삼는 것이 아이들에게 가장 중요하다.

아이들은 아버지와 어머니의 삶에서 많은 것을 배운다. 그러니 부모님의 삶이 가훈이 되어야 한다. 가훈은 아이에게 부모가 직접 부모의 탁월함을 보여주면서 가르쳐주는 것이다. 세상 사람들에게는 누구나 단점이 있다. 그리고 누구에게나 장점이 있다. 부모의 장점이 가훈이 되었을 때, 그것이 아이들에게 영향력을 미칠 수 있다.

아이도 부모의 장점을 볼 수 있어야 한다. 아버지나 어머니가 가르치는 내용과 그들의 삶이 일치되었을 때 훨씬 탁월한 결과가 나온다. 그러면 아이들은 아버지와 어머니를 신뢰하게 된다. 자신들에게 가르치신 것이 아버지와 어머니의 삶과 일치가 되니 말이다.

물론 단점을 극복하기 위해서 노력하는 모습도 보여야 된다. 부모의 단점을 아이들에게 이야기하고 그것을 극복하는 모습을 보여야 된다. 부모는 완벽한 존재가 아닌 완벽을 향해 나아가는 존재여야 한다. 부모의 완벽이 탄로 났을 때 자녀는 부모를 신뢰하지 못한다. 실제 아이들에게 부모의 단점을 이야기하는 것이 그렇게 자존심이 상하는 일은 아니다."

부모도 사람입니다. 사람은 누구나 다 실수를 하게 마련입니다. 그것이 더 인간적이기도 합니다. 그럼에도 사람들은 자신은 실수를 하지 않는 사람으로 비쳐지기를 원합니다.

자식에게 부모는 완벽하지 않습니다. 어찌 보면 자식을 키우면서 부모들은 아이들보다 훨씬 더 많은 거짓말을 하게 되고, 거짓말을 감추기 위해서 훈육이라는 이름으로 아이들을 윽박지르려 할지도 모릅니다. 그러나 이것보다는, 부모도 실수할 때가 있음을 알려주는 부모가 훨씬 더 인간적이며, 자녀와 소통이 더 잘될 수 있습니다. 이 시간 아들이 저에게 해준 말이 생각납니다.

아들은 가끔씩 기분이 우울할 때 저에게 데이트를 요청합니다. 그날도 "어머니, 저녁 같이 드셨으면 좋겠습니다."라고 전화가 와서 함께 저녁을 먹었습니다. 대화를 나눌 때마다 아들이 저에게 해주는 말은 '부모님께 감사하다'는 말이었습니다. 자신이 엄마로부터 받은 것을 생각해보았더니, 엄마의 리더십과 남을 대하는 태도인 사회성과 대화법을 배운 것 같다고 말하면서, 아빠의 섬세함과 엄마의 리더십이 조화를 이루어 밖에서 인정받는 아들이 될 수 있는 데 항상 감사하다고 했습니다.

그럴 때마다 저는 아들의 표현력을 칭찬합니다. 너의 그 표현법이 상대방에게 전해졌을 때 상대방은 너를 좋아하게 될 것이란 말과 언제나 겸손한 마음을 잊지 말고 상대방을 대하라는 말을 꼭 해주게 됩니다.

이런 소통의 과정을 통해서 좋은 점을 말해주기도 하지만, 아들에게 실망했을 때의 엄마의 기분을 이야기하기도 하고, 아들 역시 엄마가 어떤 상황에서 이해해주기를 바랐는데 이해받지 못했을 때 화가 났다는 말을 하기도 합니다. 그러면서 서로가 갖고 있는 오해도 풀고 서로의 문제점을 해결하기도 합니다. 이때 엄마도 이성적인 판단을 하지 못할 때가 있으며, 어떻게 매번 완벽하게 상황에 맞는 행동을 할 수 있겠느냐면서 네가 그렇게 서운한 순간이 있었다면, 때로는 엄마도 감정적인 사람이 될 수도 있음을 알아달라며 소통을 통해 문제점을 풀어나가자는 말로 마무리합니다.

부모와 싸우고 집을 나온 중학교 2학년 남자아이가 있었습니다. 엄마는 조선족이고 아빠는 대기업에 다니면서 생활의 기반이 잡힌 집안이지만, 엄마를 미워하는 마음이 강한 아빠가 자식에게 완벽함을 요구했습니다. 이렇다 보니, 아이의 몸에는 어느덧 피멍이 들고 맞는 횟수가 늘어 가출하는 일이 비일비재하다는 것입니다.

있을 곳이 없는 아이가 PC방을 전전하던 중 돈이 떨어져 자신이 알고 있는 사람에게 돈을 구하러 와서 집을 나온 사실을 알게 되었습니다. 아빠는 이성적으로는 그렇게 하면 안 된다는 것을 알면서도, 중학교 2학년짜리 아이가 자신의 뜻대로 자라지 않는 데 대한 울분을 마음에 안 드는 사람을 아내로 얻어 그렇다고 생각하며 그 아내에 대한 분노를 아들에게 표현했던 것입니다. 아빠의 이야기를 들으면서 '과연 이 아이에게 부모는 어떤 존재일까?' 생각했습니다.

아이들은 부모를 통해서 배우게 됩니다. 자녀에게 단점을 드러내지 않으려 하기보다는 부모도 단점이 있으면 그것에 대해 솔직하게 말하는 것이 좋습니다. 부모와 자녀가 소통할 수 있다면 완벽을 추구하는 부모보다는 훨씬 더 많은 대화를 나눌 수 있으며, 자녀교육도 원만하게 할 수 있게 됩니다. 또, 부모의 순수 존재를 찾기 위한 노력을 게을리하지 않아야 자녀에게 더욱 당당한 부모가 될 수 있으며, 아이들에게 물려줄 정신적 유산이 많아지게 됩니다.

"부모는 자녀의 탁월함을 발견해주고, 성장시켜주는 역할을 해야 한다. 모든 사람은 자신만의 순수하고 특별한 존재로 태어난다. 그러나 성장하면서, 원치 않는 여러 가지 경험을 하면서 순수함은 점차 사라지게 된다. 그러면서 세상이 원하는 모습으로 자신을 바꾸어간다. 그래서 대부분은 자신의 순수한 모습으로 살기보다는 변해버린, 다른 사람이 원하는 모습으로 살아가게 된다.

사람은 태어난 순수한 존재대로 살아가는 것이 가장 행복하다. 아이와 자신의 탁월한 존재를 공유하는 것이 중요하다. 과거의 부정적인 기억을 모두 버리고 순수한 마음으로 상대를 바라보라."

부정적인 기억이 가득한 중학교 2학년짜리 아빠에게 이 말을 해주고 싶습니다. 아내에 대한 부정적인 기억을 모두 버리고 순수했던

기억을 떠올린다면, 과연 아들에게 폭행을 일삼는 아버지가 되었을
까요?

어른들의 기억 속에 '순수'는 존재합니다. 과거의 기억 속에서 아
픈 것들은 버리고 좋은 것만을 기억해내려고 노력한다면, 주변에 있
는 사람들 중에 미워하게 된 사람들도 좋아하게 될 수도 있을 것입
니다. '부모의 순수 존재 찾기'는 그런 면에서 꼭 필요합니다.

자녀들에게 "너는 특별하단다.", "너는 소중하단다."라고 말해주
는 부모도 훌륭하지만, 그에 앞서 아내와 남편이 가지고 있던 순수
한 모습을 찾으면 서로에게 더욱 소중한 사람으로, 더욱 특별한 사
람으로 비쳐질 것입니다.

가훈은 이렇게 부모의 경험을 통해, 부모의 순수함을 통해 '자녀
들에게 물려주고 싶은 것이 무엇일까?' 생각해서 결정하는 것이기
에, 가훈 만들기는 부모의 삶 속에서, 탁월함 속에서 이루어진다는
것을 알게 됩니다.

오늘 아침 아들에게서 문자가 왔습니다. 오늘이 생일인데 아들
의 얼굴도 보지 못하고 나왔습니다. 그런 아들에게 내심 미안해하고
있던 차에 받은 문자는 엄마의 마음을 울컥하게 합니다.

"아들입니다. 낳아주시고 길러주셔서 감사합니다. 올해 많은 일
이 있었는데 잘 풀렸습니다. 한 살 더 먹을 때마다 늘 감사하고 있습

니다. 내년에는 또 뭔가 한 방 터뜨리겠습니다. 사랑합니다."

이제는 부모가 자식의 생일을 챙겨주는 것이 아니라, 자식이 태어나게 해준 것에 대한 감사, 그리고 이끌어준 것에 대한 감사, 자신의 존재에 대해 부모에게 감사할 줄 아는 모습을 보면서, 평생 '감사하는 마음'으로 살아야겠다고 다짐했던 그것을 이제야 깨닫는 것 같은 느낌이 들었습니다.

그리고 지금 이 순간 가훈을 만들어 아들에게 준다면, '감사하는 마음으로 살자'가 가장 잘 어울릴 것 같다는 생각이 들었습니다. 가훈 만들기! 별로 어렵지 않습니다. 한번 시도해보세요. 아이는 부모 안에서 순수함을 찾고 그 안에서 존재감을 느낄 때 가장 행복하다는 사실을 기억하시기 바랍니다.

기적의 부모수업

초판 1쇄 인쇄 2015년 6월 15일
초판 1쇄 발행 2015년 6월 18일

지 은 이 **이미화**
펴 낸 이 **권동희**
펴 낸 곳 **위닝북스**
기   획 **김태광**
편   집 **윤대한**
교정교열 **우정민**
마 케 팅 **이경진 김용준**

출판등록 **제312-2012-000040호**
주   소 **경기도 성남시 분당구 수내동 16-5 오너스타워 407호**
전   화 **070-4414-3780**
이 메 일 **winningbooks@naver.com**

ⓒ이미화(저자와 맺은 특약에 따라 검인을 생략합니다)
ISBN 979-11-85421-31-5 (13590)

위닝북스는 독자 여러분의 책에 관한 아이디어와 원고 투고를 설레는 마음으로 기다리고 있습니다. 책으로 엮기를 원하는 아이디어가 있으신 분은 이메일 winningbooks@naver.com으로 간단한 개요와 취지, 연락처 등을 보내주세요. 망설이지 말고 문을 두드리세요. 꿈이 이루어집니다.